Robert Rossmanith

Elektronische Spannungsschalter mit zwei Transistoren

Friedr. Vieweg + Sohn
Braunschweig

Sammlung Vieweg
Band 134
Herausgeber: Prof. Dr. Hermann Ebert

Weitere Neuerscheinungen in dieser Reihe:

Löb/Freisinger, Ionenraketen
Geiger, Die Ausbreitung langer Wellen
Weiß, Physik und Anwendung galvanomagnetischer Bauelemente
Wutz, Molekularkinetische Deutung der Wirkungsweise von Diffusionspumpen
Myszkowski, Nichtlineare Probleme der Plattentheorie
Seifert, Strukturgelenkte Grenzflächenvorgänge in der unbelebten und belebten Natur
Gumlich, Der Energietransport in der Elektroluminerzenz und Elektrophotoluminerzenz von II–VI-Verbindungen

Friedr. Vieweg + Sohn GmbH, Burgplatz 1, Braunschweig
Pergamon Press Ltd., Headington Hill Hall, Oxford
Pergamon Press S.A.R.L., 24 rue des Ecoles, Paris 5^{e}
Pergamon Press Inc., Maxwell House, Fairview Park, Elmsford, New York 10523

Vieweg books and journals are distributed
in the Western Hemisphere by Pergamon Press Inc.,
Elmsford, New York 10523.

ISBN 978-3-663-01955-8 ISBN 978-3-633-01954-1 (eBook)
DOI 10.1007/978-3-633-01954-1

1970

Library of Congress Catalog Card No. 79–139684
Druck: A. Limbach, Braunschweig
Umschlagentwurf: Peter Kohlhase, Lübeck

Inhaltsverzeichnis

1 EINLEITUNG

Sinn dieses Buches soll es sein, die zahlreichen über transistorisierte Spannungsschalter geschriebenen Arbeiten zusammenzufassen und dabei zu ordnen. In den meisten Arbeiten über dieses Gebiet werden grobe Vereinfachungen gemacht. Vielfach werden auch keine Untersuchungen über die Funktionsweise einer elektronischen Schaltung angestellt, sondern einfache quantitative Abschätzungen angegeben. Über diese simplen Zusammenhänge hinaus sollen prinzipielle Probleme und Probleme der mathematischen Erfassung der transistorisierten Spannungsschalter angegeben werden. Im Jahre 1938 veröffentlichte O. H. Schmitt [1] einen Spannungsschalter, der aus zwei Röhren und mehreren Widerständen bestand und später nach seinem Erfinder benannt wurde. Schmitt legte damit den Grundstock für dieses fundamentale Gebiet der Elektronik. Später wurde diese Schaltung mit Transistoren gebaut. Die damals neue Technik brachte auf diesem Gebiet mehrere Verbesserungen der Schaltung aber auch einen wesentlichen Nachteil: der Transistor ist ein stromverstärkendes Element, das heißt, er besitzt, verglichen mit der Röhre, keinen hochohmigen Eingangswiderstand. Dadurch komplizierte sich die gesamte mathematische Analyse des transistorisierten Schmitt-Triggers. Vielfach wurde zur Analyse des Schaltvorgangs der Begriff der "Schleifenverstärkung" von Nyquist herangezogen [2]

Neben dem Schmitt-Trigger erlangte noch ein weiterer Baustein der Elektronik immer größere Bedeutung: der Spannungsschalter mit zwei komplementären Transistoren. Dieser Schalter besitzt ein vom Schmitt-Trigger abweichendes Schaltverhalten.

Der Schaltvorgang und somit die Schaltgeschwindigkeit der transistorisierten Spannungsschalter wird durch die Schaltgeschwindigkeit der verwendeten Transistoren bestimmt. Die Schaltgeschwindigkeit eines Transistors läßt sich jedoch nicht über eine gewisse Grenze hinaus verbessern. Die Entdeckung des Tunneleffekts ermöglichte es, die Schaltgeschwindigkeiten wesentlich zu verkleinern. Die Tunneldiode, ein hochdotierter pn-Übergang soll jedoch hier nicht näher beschrieben werden.

Die Arbeit soll sich auf transistoriserte Spannungsschalter beschränken.

Unter einem transistoriserten Spannungsschalter mit zwei Transistoren versteht man ein System aus zwei Transistoren und mehreren, in der Zahl nicht begrenzten passiven Bauelementen. Mindestens einer der beiden Transistoren besitzt nur zwei stabile Arbeitspunkte: er ist entweder geöffnet oder geschlossen. Unterhalb einer definierten Eingangsspannung, der sogenannten Schaltspannung, befindet sich der Transistor je nach Art des Schalters im geöffneten oder gesperrten Zustand. Bei Erreichen der Schaltspannung kippt der Transistor in den entgegengesetzten Zustand und bleibt bei höheren Eingangsspannungen in diesem Zustand. Das Zurückkippen erfolgt bei sinkender Spannung wieder bei der Schaltspannung oder einer geringeren Spannung. Spannungsschalter, bei denen das Zurückkippen bei einer höheren Spannung als der Schaltspannung erfolgt, sind nicht stabil. Sie beginnen, bedingt durch Trägheitseigenschaften der Transistoren, zu schwingen. Die Frequenz dieser Schwingung und die Kurvenform ermöglicht eine Aussage über das Schaltverhalten des Triggers, wie noch später gezeigt werden wird.

Praktische Bedeutung erlangten die transistorisierten Spannungsschalter besonders in der Digitaltechnik, in der Regeltechnik (Zwei- und Dreipunktregelungen) und in der Impulstechnik (Formen von Impulsen). Besonders in der Regeltechnik und der Digitaltechnik ist die Konstanz der Schaltpunkte von Bedeutung. Die Konstanz der Schaltpunkte wird durch drei Faktoren beeinflußt: Temperaturänderungen, Änderung der Versorgungsspannung und nichtreversible Änderungen der Bauelemente (Alterung). Die Alterung kann durch Nachstellen der Triggerschwelle weitgehendst aufgehoben werden. Viel störender sind jedoch die beiden anderen Faktoren, besonders die Änderung der Versorgungsspannung, da kurzzeitige Spannungsänderungen im Zeitpunkt des Messens nur schwer nachgewiesen werden können. Es wurden daher Versuche mit Spannungsschaltern ohne Versorgungsspannung unternommen; Signaleingangsspannung und Versorgungsspannung sind dabei identisch. Als Störfaktor geht hier einzig und allein die Temperatur ein, falls die Alterung vernachlässigt werden kann.

ur Berechnung wird ein lineares Transistormodell verwendet. eicht dieses Modell für die Erklärung bestimmter Effekte nicht us, werden nichtlineare Modelle eingeführt. Auf diese Weise ist s möglich, zwischen linearen und nichtlinearen Effekten zu nterscheiden. Das ist deshalb besonders wichtig, da die nicht-inearen Effekte eine wesentliche Rolle bei den transistorisier-en Spannungsschaltern spielen.

ie Berechnung erfolgt nicht nach der Theorie von Nyquist, son-ern durch Teilung des Schalters in zwei Teilschaltungen. Dadurch önnen anschauliche Rechenergebnisse erhalten werden, die das erständnis der Schaltungen erleichtern.

n den folgenden einführenden Kapiteln werden zuerst die einfachen chaltungen des Transistors besprochen bzw. berechnet. Dadurch oll der Leser die Möglichkeit bekommen, sich schneller in die arauffolgenden komplizierteren Überlegungen einzuarbeiten.

LINEARISIERTES KENNLINIENFELD EINES TRANSISTORS

.1 DEFINITION DES LINEARISIERTEN KENNLINIENFELDES

nter einem Transistor versteht man bekanntlich einen elektrischen)reipol (Abb. 1).

ollektor
I_C
I_B
Basis
U_{CE}
Emitter
$I_E = I_C + I_B$

bb. 1 Der Transistor als elektrischer Dreipol

Elektrisch wird er durch drei Größen beschrieben: der Spannung zwischen Kollektor und Emitter, mit U_{CE} bezeichnet; dem Kollektorstrom mit I_C bezeichnet und dem Basisstrom mit der Bezeichnung I_B. Der Emitterstrom I_E setzt sich aus dem Kollektorstrom und dem Basis-strom zusammen. Als Verstärkungselement wird der Transistor des-wegen bezeichnet, weil ein relativ geringer Basisstrom einen meist um Größenordnungen (durchschnittlich 10 bis 300 mal) höheren Kollektorstrom hervorrufen kann. Die graphische Darstellung der Verknüpfung zwischen U_{CE}, I_C und I_B bezeichnet man als Kenn-linienfeld des Transistors (Abb. 2).

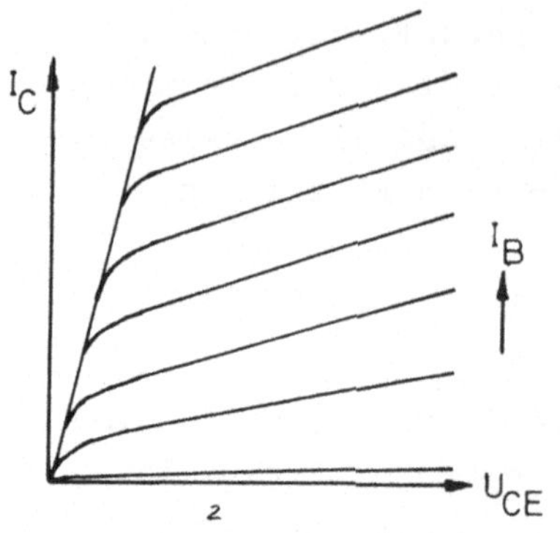

Abb. 2 Typisches Kennlinienfeld eines Transistors

Wie man Abb. 2 entnehmen kann, sind die drei charakteristischen Größen nicht linear miteinander verknüpft. Besonders bei niedriger Kollektor-Emitter-Spannung treten beachtliche Nichtlinearitäten auf. Für die praktische Berechnung eignet sich dieses mathematisch schwer zu erfassende Kennlinienfeld kaum. Die Rechnungen würden unübersichtlich und kompliziert werden. Für kleine Änderungen von I_B kann man das Verhalten des Transistors als annähernd linear bezeichnen (sogenanntes Kleinsignalverhalten). Für die elementaren Betrachtungen über Spannungsschalter wird ein linearisiertes Großsignalkennlinienfeld (Abb. 3) angenommen.

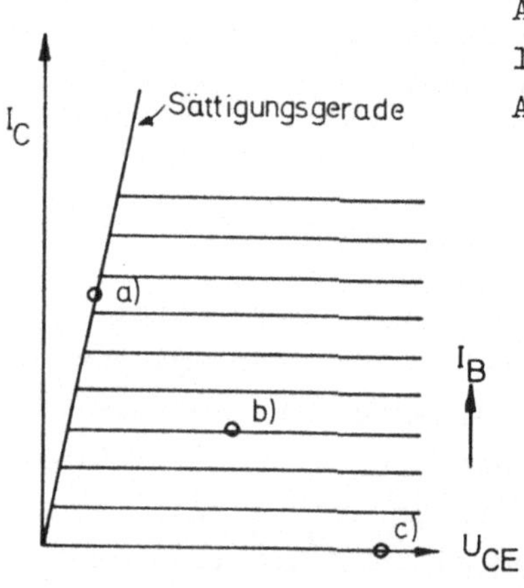

Abb. 3 Idealisiertes Kennlinienfeld mit verschiedenen Arbeitspunkten

Unter einem bestimmten Arbeitspunkt des Transistors versteht man einen Zustand, bei dem die Werte U_{CE}, I_C und, entsprechend dem Kennlinienfeld, I_B bestimmt sind. Je nach Wahl des Arbeitspunktes unterscheidet man drei verschiedene Arbeitsbereiche (Abb. 3).

a.) Der Arbeitspunkt liegt auf der Sättigungsgeraden. Links von der Sättigungsgeraden gibt es keine Arbeitspunkte. Man kann für diesen Zustand auch sagen, der Transistor befindet sich in Sättigung oder er ist geöffnet.

b.) Der Arbeitspunkt befindet sich auf der Geraden $I_C = 0$. In diesem Fall spricht man von einem gesperrten Transistor. Diese Definition gilt streng genommen nur für ideale Transistoren.Der reale Transistor kann nicht vollkommen gesperrt werden, es fließt immer ein Reststrom. Der Reststrom ist von der Temperatur abhängig.

c.) Der Arbeitspunkt liegt zwischen den beiden Extremfällen a.) und b.) Manchmal wird dieser Bereich auch als aktiver Bereich bezeichnet.

2.2 SÄTTIGUNGSBEDINGUNGEN

Im Kapitel 2.1 wurde der Begriff der Sättigung definiert: der Arbeitspunkt liegt auf der Sättigungsgeraden. Die Neigung der Sättigungsgeraden

$$\frac{\Delta U_{CE}}{\Delta I_C}$$

hat die Dimension eines Widerstandes. Er soll als Restwiderstand R_R bezeichnet werden. Der Restwiderstand ist vom verwendeten Transistortyp abhängig (Unterschiede zwischen Silizium- und Germaniumtransistoren).

Gegeben ist ein Arbeitspunkt des Transistors: U_{CE}, I_C. Es soll ermittelt werden, ob dieser Arbeitspunkt auf der Sättigungsgeraden liegt. Aus dem gegebenen Kennlinienfeld kann die Lage des Arbeitspunktes herausgelesen werden. In vielen Fällen ist es jedoch notwendig, eine rein rechnerische Methode zu entwickeln, um herauszufinden, ob bei einem bestimmten Arbeitspunkt die Sättigungsbedingung erfüllt ist. Dazu wird man zweckmäßig das idealisierte Kennlinienbild in ein schiefwinkeliges Koordinatensystem übertragen. Die Achsen des Koordinatensystems werden durch die Sättigungsgerade und die Gerade $I_C = 0$ gebildet (Abb. 4).

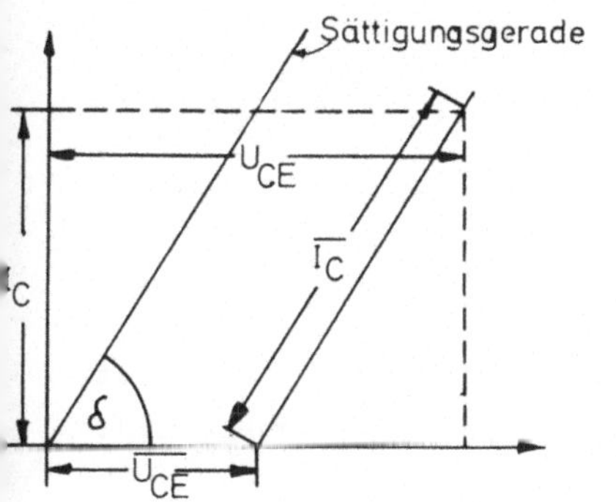

Bezeichnet man die Koordinatenangaben im schiefwinkeligen System mit einem Querstrich, so erhält man folgendes Gleichungssystem:

$$\overline{I_C} = I_C \sin\delta$$

$$\overline{U_{CE}} = U_{CE} - I_C \cdot \operatorname{ctg}\delta$$

Abb. 4 Arbeitspunkt im recht- und schiefwinkeligen Koordinatensystem

Daraus kann man sofort eine Sättigungsbedingung ablesen:
Ist $\overline{U_{CE}}$ größer als 0, bzw.

$$U_{CE} > I_C \cdot ctg\,\delta$$

arbeitet der Transistor im Verstärkerbereich. Ist hingegen $U_{CE} = 0$, bzw.

$$U_{CE} = I_C \cdot ctg\,\delta$$

so befindet sich der Transistor in Sättigung.

Führt man weiters die Beziehung

$$ctg\,\delta = R_R$$

ein, so erhält man als endgültiges Resultat: der Transistor befindet sich in Sättigung, wenn gilt

$$U_{CE} = I_C \cdot R_R$$

2.3 DIE GRUNDSCHALTUNGEN EINES TRANSISTORS

2.3.1 DIE KOLLEKTORGRUNDSCHALTUNG

Für die folgenden Überlegungen ist die Kombination von Transistoren und ohmschen Widerständen von Bedeutung. Die einfachste Schaltungsanordnung besteht aus einem Transistor und einem Kollektorwiderstand (Abb. 5).

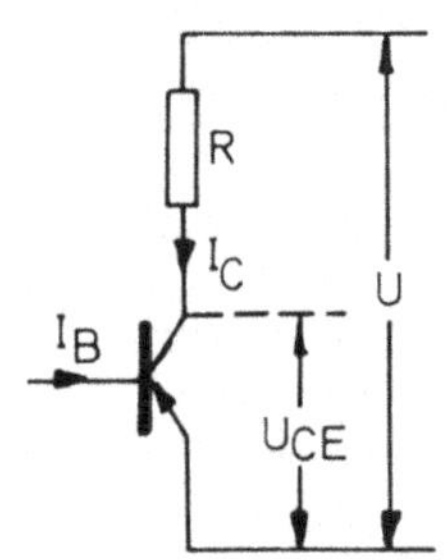

Abb. 5 Die Kollektorgrundschaltung

Es soll der Arbeitspunkt des Transistors ermittelt werden. Aus dem Schaltbild Abb. 5 folgt folgende Beziehung:

$$U_{CE} + I_C \cdot R = U$$

Diese Gleichung wird auch vielfach als Arbeitsgerade bezeichnet. Eingezeichnet in das Kennlinienfeld ergibt obige Gleichung eine Gerade (Abb. 6).

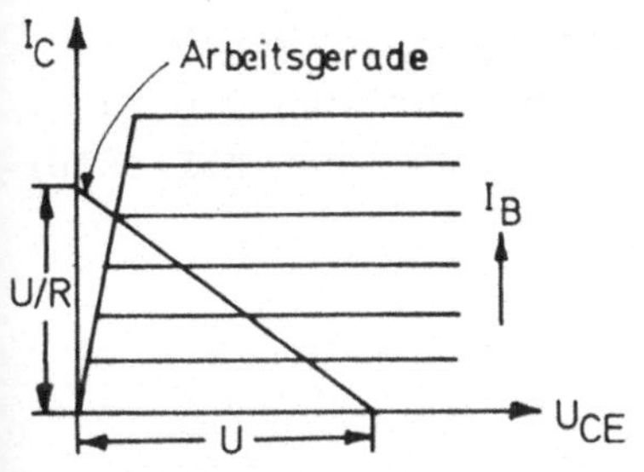

Abb. 6 Graphische Ermittlung des Arbeitspunktes

Ist der Wert für I_B bekannt, so kann I_C und U_{CE} aus dem Diagramm herausgelesen werden. Will man den Wert rein rechnerisch ermitteln, so benötigt man eine weitere Beziehung. Diese Bedingung kann aus dem vereinfachten Kennlinienfeld herausgelesen werden:

$$I_C = BI_B$$

Eingesetzt in die Arbeitsgerade:

$$U_{CE} + BI_B R = U$$

Nun soll festgestellt werden, welcher Basisstrom notwendig ist, um den Arbeitspunkt auf der Sättigungsgeraden festzulegen. Nach Kapitel 2.2 folgt für den Sättigungsstrom ($I_{BSätt}$) :

$$I_{BSätt} = \frac{U}{B(R+R_R)}$$

Auffallend ist die Tatsache, daß $I_{BSätt}$ direkt proportional der angelegten Spannung ist. Je größer der Widerstand R, um so kleiner ist der zum Erreichen der Sättigung nötige Basisstrom.

2.3.2 DIE EMITTERGRUNDSCHALTUNG

Bei der Emittergrundschaltung wird ein ohmscher Widerstand in den Emitterkreis geschaltet (Abb. 7).

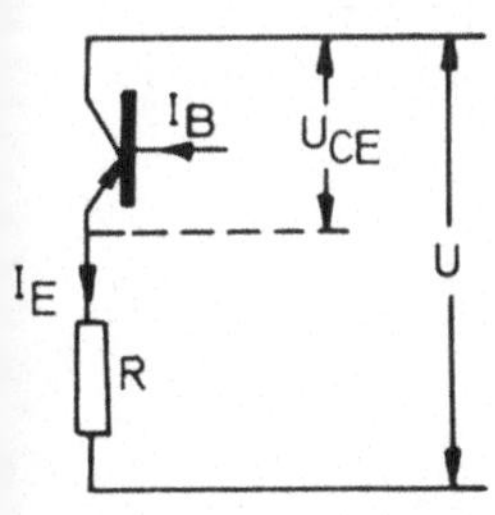

Abb. 7 Die Emittergrundschaltung

Die Bestimmung des Arbeitspunktes erfolgt auf dieselbe Weise wie in Kapitel 2.3.1 : Aus Abb. 7 kann die untenstehende Gleichung abgeleitet werden:

$$U_{CE} = U - I_B(R + BR)$$

kombiniert erhält man

$$I_C R + I_B R + U_{CE} = R$$

Mit der Beziehung

$$I_C = BI_B$$

Für $I_{BSätt}$ kann geschrieben werden:

$$I_{BSätt} = \frac{U}{R(1+B) + BR_R}$$

Aus dieser Beziehung folgt, daß der Wert für $I_{BSätt}$ gegenüber der Kollektorgrundschaltung geringer ist. Dementsprechend wird auch die Arbeitsgerade etwas flacher liegen als bei der Kollektorgrundschaltung.

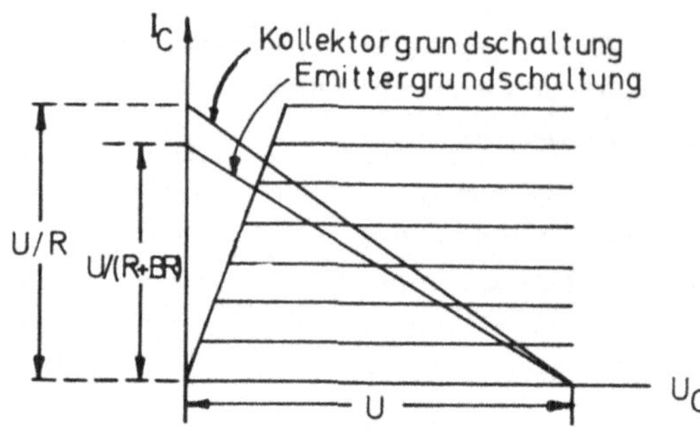

Abb. 8
Arbeitsgerade bei Emitter- und Kollektorgrundschaltung

Dieses Ergebnis ist für den Elektroniker zuerst nicht einleuchtend, da der Emitterfolger als Gegenkopplungsschaltung dient.
Man würde erwarten, daß die Kennlinie anders verläuft bzw. merkliche Unterschiede zur Kollektorstufe aufweist. Unwillkürlich muß man an die Gegenkopplungsformel denken

$$V' = \frac{V}{1 + KV}$$

Aus der Kennlinie kann man sie nicht ablesen. Das wirft ein prinzipielles Problem auf, mit dem der Leser im Verlauf der Arbeit immer wieder konfrontiert wird: bei den obigen Betrachtungen wurde ein Basisstrom festgelegt. Betrachtet man jedoch keine Eingangsströme sondern Eingangsspannungen (Abb.9), so erkennt man deutlich den Unterschied:

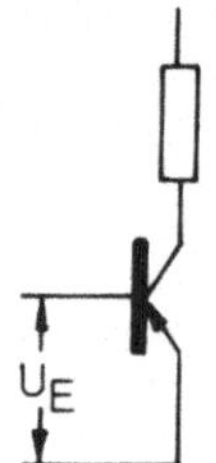

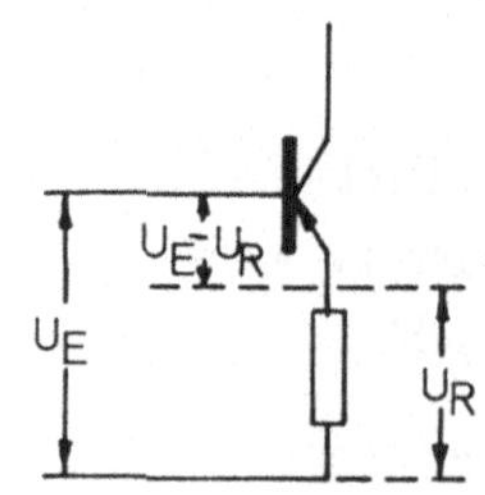

Abb. 9
Kollektor- und Emittergrundschaltung mit Eingangsspannungen

Legt man bei beiden Schaltungen dieselbe Spannung an, so wird infolge des geringeren Eingangswiderstandes bei der Kollektorschaltung mehr Basisstrom fließen als bei der Emittergrundschaltung.

Man kann somit zusammenfassend sagen: Besitzen zwei Schaltungen dasselbe oder annähernd dasselbe Kennlinienfeld und annähernd dieselbe Arbeitsgerade, so müssen sie nicht unbedingt dieselben elektrischen Eigenschaften in allen Anwendungsbereichen haben.

2.3.3 KOMBINATION AUS EMITTER- UND KOLLEKTORGRUNDSCHALTUNG

Bei dieser Schaltung wird sowohl ein Emitter- als auch ein Kollektorwiderstand verwendet (Abb. 10).

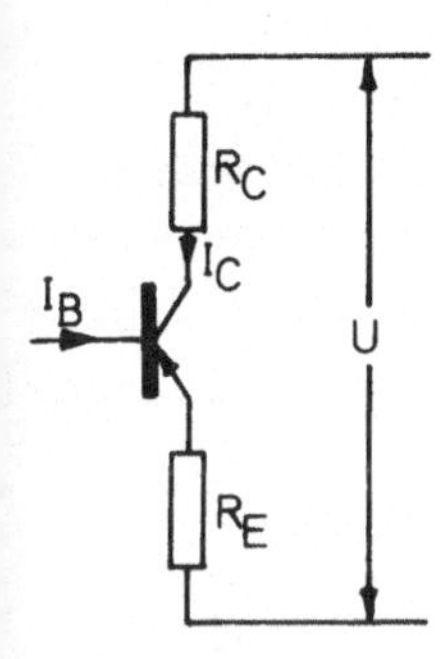

Die Berechnung erfolgt wie bei den anderen Schaltungen. Aus Abb.10 kann folgende Beziehung abgeleitet werden:

$$I_C R_C + U_{CE} + I_C R_E + I_B R_E = U$$

Abb.10 Kombination aus Emitter- und Kollektorgrundschaltung

beziehungsweise

$$U_{CE} = U - I_B (BR_C + BR_E + R_E)$$

Für $I_{BSätt}$ gilt:

$$I_{BSätt} = \frac{U}{BR_R + BR_C + BR_E + R_E}$$

3 THEORETISCHE GRUNDLAGEN

3.1 DAS GROSSIGNALVERHALTEN VON SCHALTUNGEN MIT ZWEI TRANSISTOREN, DIE MITEINANDER VERKOPPELT SIND

In der Einleitung wurde bereits erwähnt, daß in dieser Arbeit Spannungsschalter behandelt werden sollen, die aus zwei Transistoren und mehreren passiven Bauelementen, in erster Linie Widerständen, bestehen. Weiterhin soll gelten, daß ein Transistor, im folgenden als Ausgangstransistor bezeichnet, nur zwei stabile Zustände besitzen soll: er soll entweder leiten oder sperren. Es kommt somit zu einem Kippvorgang, und der Zustand des Ausgangstransistors ist von der Eingangsspannung abhängig. Das Eingangs-Ausgangsspannungsdiagramm wird daher schematisch nach Abb. 11 dargestellt werden können.

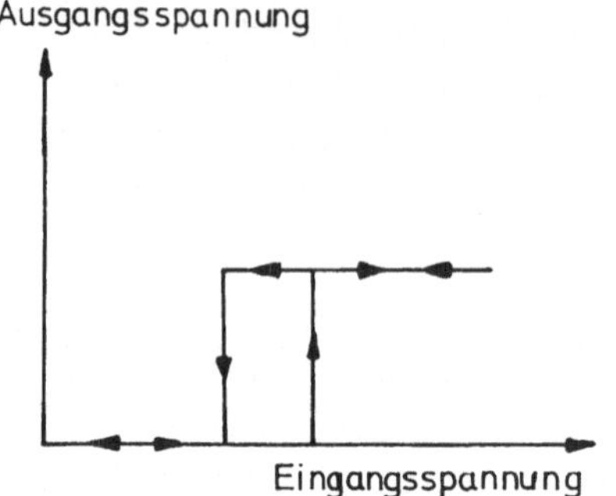

Abb. 11 Eingangs- Ausgangs-spannungs-Diagramm eines Spannungsschalters

Um eine solche Kennlinie zu erhalten, muß man sich aktiver Bauelemente, im vorliegenden Fall Transistoren, bedienen. Durch gegenseitige Beeinflussung der beiden Transistoren wird ein solches Schaltverhalten hervorgerufen. Schematisch wird ein solcher Schalter in Abb. 12 dargestellt.

Die Pfeile symbolisieren die Verkopplung der beiden Transistoren durch passive Netzwerke. Der Widerstand des Transistors, das heißt der Quotient aus U_{CE} und I_C, ändert sich während des Schaltens.

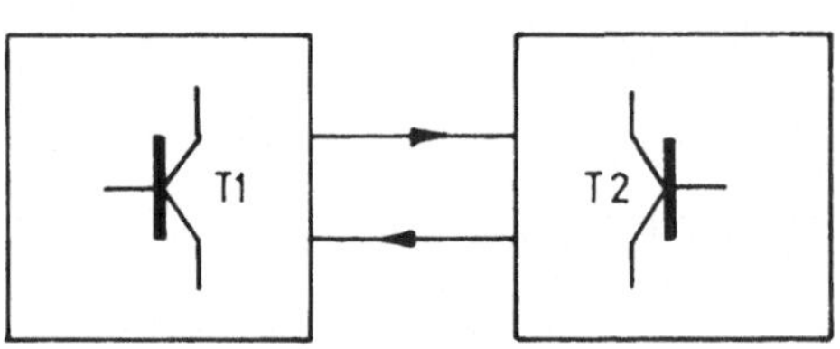

Abb. 12 Schematische Darstellung eines Spannungsschalters

Diese "Widerstandsänderung" des einen Transistors bewirkt eine "Widerstandsänderung" des anderen Transistors, der wiederum auf den ersten einwirkt, usw. Anders formuliert: während des Schaltvorganges erscheint jeder Transistor dem anderen als veränderlicher Widerstand. Der Schaltprozeß gliedert sich in zwei Teile. Eine solche Teilung des Schaltvorganges in zwei einzelne Vorgänge zeigt Abb. 13.

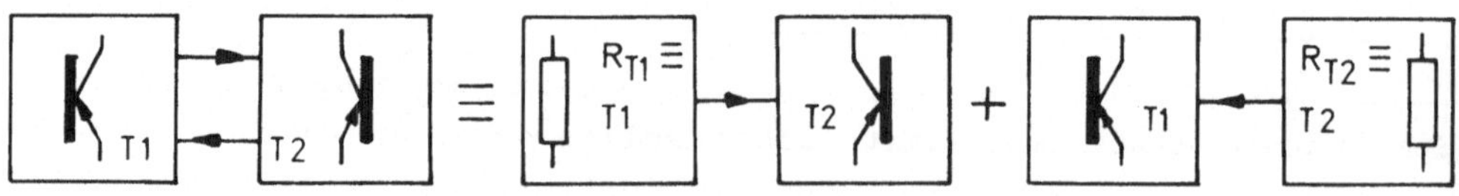

Abb. 13 Zerlegung des Spannungsschalters nach Abb. 12 in zwei Teilschaltungen

Will man die Schaltbedingungen untersuchen, so kann man etwa folgendermaßen vorgehen: man berechnet den Arbeitspunkt von T2 (Teilschaltbild I) in Abhängigkeit von R_{T1} und dann den Arbeitspunkt von T1 in Abhängigkeit von R_{T2} (Teilschaltbild II).

In den folgenden Überlegungen soll untersucht werden, wie die Abhängigkeit von T1 und T2 von den gedachten Widerständen beschaffen sein muß, damit ein Schaltvorgang stattfindet. Dazu ist es aber vorerst wichtig, die Form der Abhängigkeit mathematisch zu formulieren. Aus Teilschaltung I lassen sich nach den bekannten Kirchhoffschen Gesetzen folgende Gleichungen aufstellen:

$$U_{CE} + I_1 R_1 + \dots + 0 + \dots + I_n R_T + K_1 I_C = U$$

$$\dots\dots\dots \qquad K_n \dots \text{Konstante}$$

$$\dots\dots\dots$$

$$I_1 + \dots + 0 + \dots + I_n + K_2 I_C = 0$$

$$\dots\dots\dots$$

Die Größen I_n bedeuten dabei Teilströme über die verschiedenen Widerstände des passiven Netzwerkes. Die Größen U_{CE} und I_C sollen berechnet werden. Das geschieht vorteilhaft nach der Cramer'schen Regel: $U_{CE} = U \frac{\Delta U_{CE}}{\Delta}$ $\quad I_C = U \frac{\Delta I_C}{\Delta}$

$$\Delta = \begin{vmatrix} 1 & R_1 & \dots & R_T & \dots & K_1 \\ \vdots & & & & & \vdots \\ 1 & R_1 & & & & \\ 0 & 1 & & 1 & & K_2 \\ \vdots & & & & & \\ 0 & \dots & & & & \end{vmatrix} \qquad \Delta U_{CE} = \begin{vmatrix} 1 & R_1 & \dots & R_T & \dots & K_1 \\ \vdots & & & & & \vdots \\ 0 & R_1 & & & & \\ 0 & 1 & & 1 & & K_2 \\ \vdots & & & & & \\ 0 & \dots & & & & \end{vmatrix} \qquad \Delta I_C = \begin{vmatrix} 1 & R_1 & \dots & R_T & \dots & K_1 \\ \vdots & & & & & \vdots \\ 1 & R_1 & & & & \\ 0 & 1 & & 1 & & 1 \\ \vdots & & & & & \\ 0 & \dots & & & & \end{vmatrix}$$

Die vorkommenden Determinanten können in die Form gebracht werden:

$$\Delta = \begin{vmatrix} 1 & R_1 & \dots & R_T & \dots & K_1 \\ \vdots & \vdots & & \vdots & & \\ 1 & R_1 & \dots & 1 & \dots & K_2 \\ 0 & & & 0 & & \\ \vdots & & & \vdots & & \\ 0 & \dots & & 0 & \dots & \end{vmatrix}$$

Danach wird die vereinfachte Determinante in Unterdeterminanten entwickelt:

$$\Delta = \Delta_1 \pm R_T \Delta_2 = a_3 + a_4 R_T$$

$$a_3 \,;\, a_4 \quad \dots \text{ sind Konstante}$$

Als Resultat erhält man somit:

$$U_{CE2} = U \frac{a_1 + a_2 R_{T1}}{a_3 + a_4 R_{T1}} \qquad I_{C2} = U \frac{a_5 + a_6 R_{T1}}{a_3 + a_4 R_{T1}}$$

Ebenso erhält man für Teilschaltung II:

$$U_{CE1} = U \frac{b_1 + b_2 R_{T2}}{b_3 + b_4 R_{T1}} \qquad I_{C1} = U \frac{b_5 + b_6 R_{T1}}{b_3 + b_4 R_{T1}}$$

Die beiden Formeln können weiter vereinfacht werden:

$$R_{T2} = \frac{a_1 + a_2 R_{T1}}{a_5 + a_6 R_{T1}} \qquad R_{T1} = \frac{b_1 + b_2 R_{T2}}{b_5 + b_6 R_{T2}}$$

Diese beiden Beziehungen sind voneinander unabhängig und charakterisieren jeweils nur eine Teilschaltung.

Die Frage nach der Schaltbedingung soll jetzt beantwortet werden. Nimmt man an, daß bei Vergrößerung von R_{T1} eine Vergrößerung von R_{T2} folgen soll:

$$\frac{dR_{T2}}{dR_{T1}} > 0$$

so muß, damit der Schaltvorgang ausgelöst wird, der Vergrößerung von R_{T2} eine Vergrößerung von R_{T1} entsprechen:

$$\frac{dR_{T1}}{dR_{T2}} > 0$$

Ist das nicht der Fall, das heißt, verursacht die Vergrößerung von R_{T2} eine Verringerung von R_{T1}, so wirkt sich diese Verringerung wiederum als Verringerung von R_{T2} aus, der Schaltprozeß wird daher nicht stattfinden. Ähnliche Überlegungen können angestellt werden, wenn eine Vergrößerung von R_{T1} eine Verringerung von R_{T2} zur Folge haben soll. Dann muß, um einen Schaltprozeß einzuleiten, diese Verringerung von R_{T2} eine Vergrößerung von R_{T1} zur Folge haben. Zusammenfassend kann dieses Resultat folgendermaßen formuliert werden:

$$\operatorname{sgn}\left(\frac{dR_{T2}}{dR_{T1}}\right) = \operatorname{sgn}\left(\frac{dR_{T1}}{dR_{T2}}\right)$$

Der exakte Beweis für diese fundamentale Gleichung soll erst etwas später mit Hilfe der Ljapunow schen Stabilitätstheorie gebracht werden.

Die oben angeführte Schaltbedingung dient bei der später ausführlichen Untersuchung über die einzelnen Spannungsschalter als Kriterium für die Fähigkeit des Systems, als Spannungsschalter zu arbeiten. Mit dieser Gleichung lassen sich auch die Unterschiede der einzelnen Spannungsschalter erläutern.

3.2 DIE ZEITABHÄNGIGKEIT DES SCHALTPROZESSES

Die im Kapitel 3.1 abgeleiteten Grundformeln von der Form

$$R_{T2} = \frac{a_1 + a_2 R_{T1}}{a_5 + a_6 R_{T1}} \qquad R_{T1} = \frac{b_1 + b_2 R_{T2}}{b_5 + b_6 R_{T2}}$$

gelten nur für den linearisierten Transistor, der ohne Zeitverzögerung schaltet. In Abb. 14 ist die Abhängigkeit des Kollektorstroms in Abhängigkeit von einer rechteckigen Basisspannung bei einem realen Transistor dargestellt:

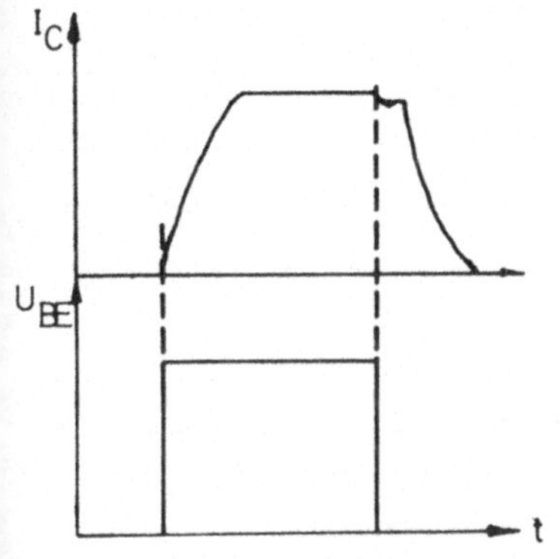

Abb. 14 Die Schaltverzögerung eines realen Transistors

Die Größe der Schaltverzögerung ist von dem verwendeten Transistortyp abhängig. Bemerkenswert ist die Tatsache, daß der durchgeschaltete Transistor ein Beharrungsvermögen aufweist. Die obere Grenze der der Schaltgeschwindigkeit wird von der Halbleitertechnologie bestimmt.

Die Tatsache, daß der Schaltvorgang in endlich langer Zeit vor sich geht, führt vorerst zu gewissen Schwierigkeiten in der Anwendung des obigen Berechnungsschemas: der Schalter wurde in zwei Teilschaltungen aufgeteilt und beide Schaltungen unabhängig voneinander berechnet. Das führte zu zwei voneinander unabhängigen Gleichungen. Bei realen Transistoren hingegen entspricht jedem Zeitpunkt ein entsprechender Wert von R_{T1} einem Wert von R_{T2}. Zur Berechnung der Schaltzeit zum Beispiel müssen die beiden Gleichungen zusammengefasst werden.

Die Zusammenfassung erfolgt durch einen weiteren Parameter: die Zeit. Es soll eine Funktion mit folgenden Eigenschaften gebildet werden:

$$0 \leq f(t) \leq 1 \qquad f(0) = 0 \qquad \frac{df(t)}{dt} \geq 0$$

Ändert sich zum Beispiel R_{T1}, so reagiert R_{T2} nicht sofort darauf: Prinzipiell ist es somit gleichgültig, ob sich R_{T1} langsam ändert und R_{T2} sofort reagiert oder umgekehrt. Folgender Ansatz kann daher gemacht werden:

$$R_{T2} = \frac{a_1 + a_2 R_{T1} f_1(t)}{a_5 + a_6 R_{T1} f_1(t)} \qquad R_{T1} = \frac{b_1 + b_2 R_{T2} f_2(t)}{b_5 + b_6 R_{T2} f_2(t)}$$

Nun kann auch die Frage beantwortet werden, wann ein solches Gleichungssystem instabil ist. Dabei folgt man einfacherweise den Gedanken von La Salle und Lefschetz in ihren Betrachtungen über die Stabilitätstheorie von Ljapunow [3] . Es werden mathematische Bedingungen abgeleitet, ob folgendes Gleichungssystem

$$\begin{aligned} x^{\cdot} &= f_1(x, y \ldots) \qquad & x = R_{T1} \\ y^{\cdot} &= f(x, y \ldots) \qquad & y = R_{T2} \\ &\ldots\ldots\ldots\ldots & \end{aligned}$$

stabil ist. Instabil ist das System der Differentialgleichungen dann, wenn der Ausdruck R_{T1} an der Stelle 0 identisch Null ist und die Ableitung

$$\frac{dR_{T1}}{dt}$$

in einem Bereich um den Nullpunkt positiv definit ist. Außerdem muß R_{T1} in beliebiger Umgebung vom Nullpunkt positive Werte annehmen.

Die Bedingung

$$R_{T1} = 0 \qquad \text{für} \qquad R_{T2} = 0$$

erreicht man durch eine entsprechende Koordinatentransformation:

$$R_{T1} = \frac{b_1 + b_2 R_{T2} f_2(t)}{b_5 + b_6 R_{T2} f_2(t)} - \frac{b_1}{b_5}$$

Der Differentialquotient

$$\frac{dR_{T1}}{dt} = \frac{dR_{T2}}{dR_{T2}} \cdot \frac{dR_{T2}}{dt}$$

ist identisch mit dem Ausdruck:

$$\frac{[a_2 a_5 - a_6 a_1]\,[b_2 b_5 - b_6 b_1]}{[b_5 + b_6 R_{T2} f_2(t)]^2\,[a_5 + a_6 R_{T1} f_1(t)]^2} f_2(t) f_1(t) R_{T1}$$

Dieser Ausdruck ist nur dann positiv, wenn gilt

$$\operatorname{sgn}(a_2 a_5 - a_6 a_1) = \operatorname{sgn}(b_2 b_5 - b_6 b_1)$$

Betrachtet man das Gleichungssystem:

$$R_{T1} = \frac{b_1 + b_2 R_{T2}}{b_5 + b_6 R_{T2}} \qquad R_{T2} = \frac{a_1 + a_2 R_{T1}}{a_5 + a_6 R_{T1}}$$

und bildet die Ableitungen

$$\frac{dR_{T1}}{dR_{T2}} \quad \frac{b_2 b_5 - b_6 b_1}{[b_5 + b_6 R_{T2} f(t)]^2} \qquad \frac{dR_{T2}}{dR_{T1}} \quad \frac{a_2 a_5 - a_6 a_1}{[a_5 + a_6 R_{T1} f_1(t)]^2}$$

so gilt:

$$\operatorname{sgn}\left(\frac{dR_{T1}}{dR_{T2}}\right) = \operatorname{sgn}(b_2 b_5 - b_6 b_1) \qquad \operatorname{sgn}\left(\frac{dR_{T2}}{dR_{T1}}\right) = \operatorname{sgn}(a_2 a_5 - a_6 a_1)$$

Ist das System instabil, so muß nach obiger Aussage gelten

$$\operatorname{sgn}\left(\frac{dR_{T1}}{dR_{T2}}\right) = \operatorname{sgn}\left(\frac{dR_{T2}}{dR_{T1}}\right)$$

Dieser Beweis wurde unter Zuhilfenahme eines weiteren Parameters geführt. Die Aussage gilt jedoch allgemein. Die Bedingung ist notwendig und hinreichend. Zusammenfassend kann somit gesagt werden: Ein Spannungsschalter aus zwei Transistoren arbeitet nur dann nach der in der Einleitung angegebenen Weise, wenn gilt:

$$\operatorname{sgn}\left(\frac{dR_{T1}}{dR_{T2}}\right) = \operatorname{sgn}\left(\frac{dR_{T2}}{dR_{T1}}\right)$$

Entsprechend dieser Formel können die Spannungsschalter eingeteilt werden: Schalter mit positivem Signum, das heißt

$$\operatorname{sgn}\left(\frac{dR_{T1}}{dR_{T2}}\right) > 0$$

oder solche mit negativem Signum:

$$\operatorname{sgn}\left(\frac{dR_{T2}}{dR_{T1}}\right) < 0$$

3.3 AUTONOME UND NICHTAUTONOME SCHALTER

Neben der Einteilung in Schalter mit positivem und negativem Signum ist noch eine weitere Einteilung möglich. Es ist denkbar, daß es Schalter gibt, bei denen die Schaltbedingung nicht von vornherein erfüllt ist. Erst durch Rückwirkung auf den Eingang läuft der Schaltprozeß ab. Die Rückwirkung muß einen bestimmten Mindestwert überschreiten, damit ein Kippen erfolgen kann. Schalter mit diesen Eigenschaften kann man auch als nichtautonom bezeichnen.

Ist jedoch zum Schalten keine Rückwirkung erforderlich, so kann man von einem autonomen Schalter sprechen.

Für die Praxis ist es von Bedeutung, zu wissen, ob ein Schalter autonom schaltet oder nicht. Ein autonomer Schalter zum Beispiel schaltet immer mit derselben Schaltgeschwindigkeit, da der Schaltprozeß von außen nicht beeinflußt wird. Ein nichtautonomer Schalter hingegen ist von außen in seinem Schaltverhalten beeinflußbar.

Es ist somit weitaus einfacher, über einen autonomen Schalter Aussagen zu machen als über einen nichtautonomen. In den folgenden Kapiteln wird das an zwei Beispielen gezeigt: der schon in der Einleitung erwähnte Schmitt-Trigger ist ein nichtautonomer Schalter, der aus der Literatur her bekannte Schalter mit zwei komplementären Transistoren hingegen ist autonom.

3.4 DAS VERHALTEN VON TRANSISTOR T1

Bei einem Spannungsschalter besitzt Transistor T2, auch Ausgangstransistor genannt, nur zwei stabile Arbeitspunkte: er ist entweder geöffnet oder gesperrt. An den Transistor T1 hingegen werden keinerlei Bedingungen bezüglich seines Arbeitspunktes gestell Er kann ebenso wie T2 nur zwei stabile Arbeitspunkte besitzen ode auch nur einen kleinen instabilen Bereich innerhalb seines Kennlinienfeldes aufweisen. Im allgemeinen wird das letztere der Fall sein. Die Gleichung

$$R_{T1} = \frac{b_1 + b_2 R_{T2}}{b_5 + b_6 R_{T2}} \qquad \text{mit} \quad b_i \neq 0 \quad i = 1, 2, 5, 6$$

sagt aus, daß bei den beiden Extremfällen

$$R_{T1} = 0 \qquad R_{T1} = \infty$$

R_{T1} weder verschwindet, noch über alle Grenzen geht. Für die Kennliniendarstellung folgt daraus, daß T1 einen instabilen Bereich während des Schaltvorganges überstreicht. Außerhalb dieses Bereiches kann der Transistor stabile Arbeitspunkte annehmen Porteanu [4] schlug vor, fünf Arbeitsbereiche von T1 zu unterscheiden (Abb. 16).
Bei den Bereichen 1 und 5 handelt es sich jedoch um Grenzlagen der Bereiche 4 und 2. Es soll daher auf diese Einteilung verzichtet werden.

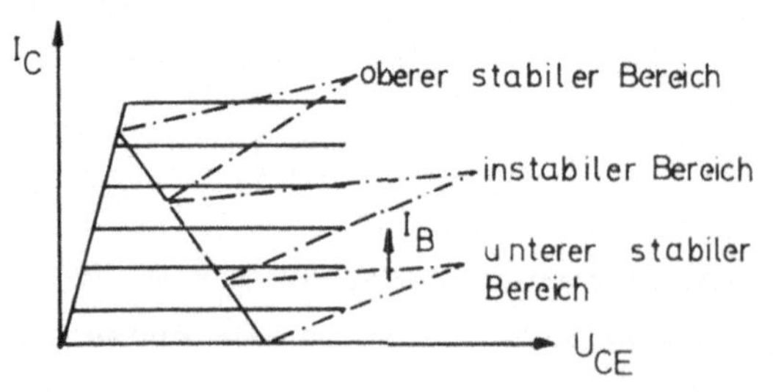

Abb. 15 Schematische Darstellung der partiellen Instabilität von

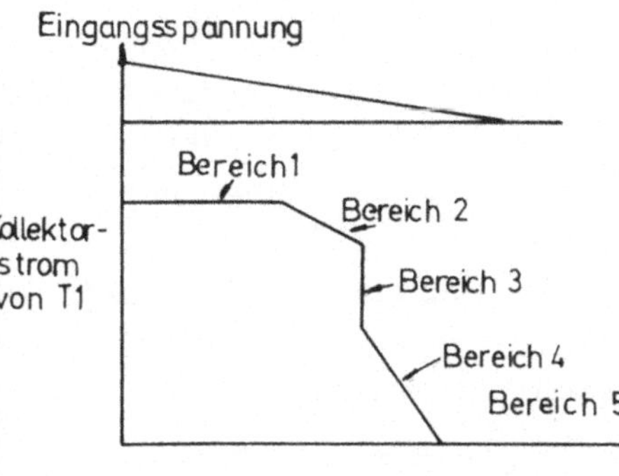

Neben den Schaltern mit stabilen und instabilen Arbeitsbereichen von T1 gibt es auch Schalter, bei denen T1 ebenso wie T2 nur zwei stabile Arbeitspunkte aufweist.

Abb. 16 Das Verhalten von T1 bei linear fallender Eingangsspannung nach Porteanu [4]

Bei diesen Schaltern ist entweder

$$b_6 = 0 \qquad \text{und} \qquad \frac{b_1}{b_5} = R_R$$

oder

$$b_2 = 0 \qquad \text{und} \qquad b_1 \gg b_5$$

Gilt

$$b_6 = 0 \qquad \text{und} \qquad \frac{b_1}{b_5} = R_R$$

so sind beide Transistoren entweder gleichzeitig geöffnet bzw. gesperrt. Gilt hingegen

$$b_2 = 0 \qquad \text{und} \qquad b_1 \gg b_5$$

so arbeiten beide Transistoren "gegenphasig", das heißt, ein gesperrter Transistor T2 hat einen offenen Transistor T1 zur Folge und umgekehrt.

3.5 SPANNUNGSSCHALTER MIT ZWEI TRANSISTOREN VOM SELBEN TYP

Bekanntlich unterscheidet man in der Elektronik zwei Grundtypen von Transistoren: den pnp- und den npn-Transistor. Beide Transistortypen unterscheiden sich durch das Vorzeichen der Emitter-Kollektorspannung und durch das Vorzeichen der Basis-Emitterspannung (Abb. 17).

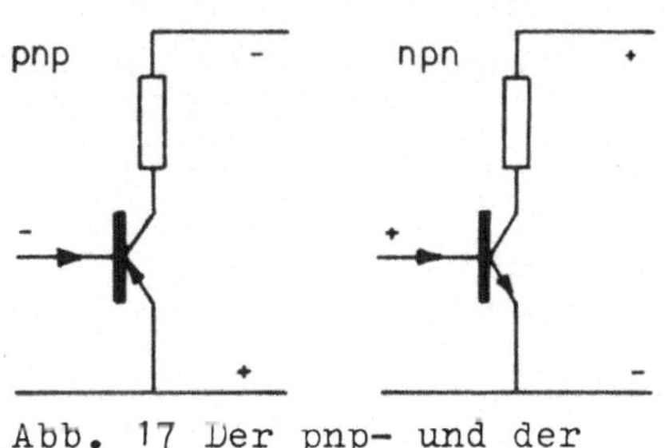

Abb. 17 Der pnp- und der npn-Transistor

Spannungsschalter mit Transistoren vom gleichen Typus sind der Schmitt-Trigger und der bistabile Multivibrator, auch Flip-Flop genannt. Der Schmitt-Trigger (Abb. 18) ist das bekannteste Beispiel eines nichtautonomen Schalters.

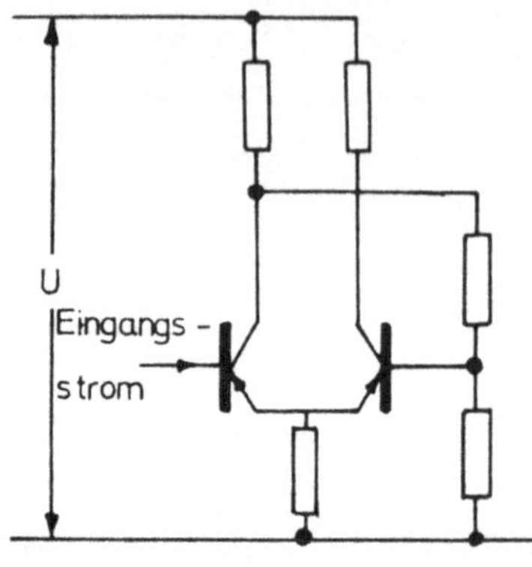

Abb. 18 Schmitt-Trigger

Ist der Eingangsstrom 0, so leitet Transistor T2. Erreicht der Eingangsstrom einen bestimmten Wert, so wird T2 aus der Sättigung gedrängt. Der Spannungsabfall am gemeinsamen Emitterwiderstand sinkt, der Kollektorstrom von T1 steigt und verursacht ein weiteres Absinken des Kollektorstroms von T2.

Die Koppelung der beiden Transistoren erfolgt beim Schmitt-Trigger einmal über die Basisstrecke und das zweite Mal über die Emitterstrecke. Die Rückkoppelung kann aber auch beidesmal über die Basisstrecken erfolgen, wie das beim Flip-Flop der Fall ist (Abb. 19).

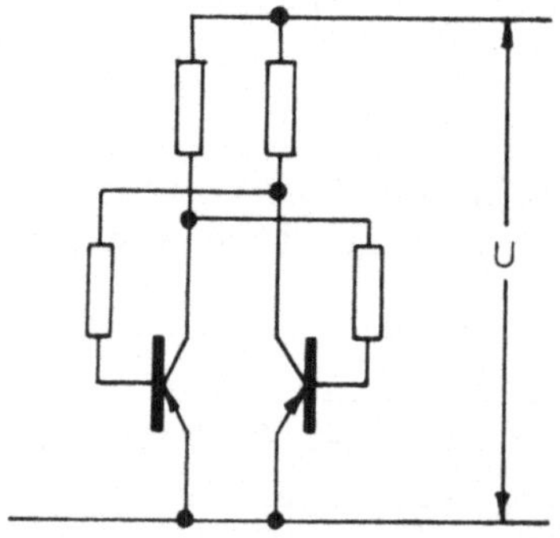

Da der Flip-Flop symmetrisch ist, folgt sofort

$$\operatorname{sgn}\left(\frac{dR_{T1}}{dR_{T2}}\right) = \operatorname{sgn}\left(\frac{dR_{T2}}{dR_{T1}}\right)$$

Abb. 19 Flip-Flop oder bistabiler Multivibrator

Das Vorzeichen der Differentialquotienten muß negativ sein. Daraus folgt die Aussage, daß der Flip-Flop ein autonomer Schalter mit negativem Signum ist. Der Schaltvorgang setzt dann ein, wenn ein Transistor aus der Sättigung beziehungsweise aus dem gesperrten Zustand gedrängt wird. Nach Kapitel 3.4 gelten für den Flip-Flop folgende Beziehungen:

$$R_{T1} = \frac{b_1}{b_5 + b_6 R_{T2}} \qquad R_{T2} = \frac{a_1}{a_5 + a_6 R_{T1}}$$

Setzt man Symmetrie voraus:

$$a_1 = b_1 \qquad a_5 = b_5 \qquad a_6 = b_6$$

n der Praxis hat sich der Flip-Flop als Spannungsdiskriminator icht durchgesetzt. Der Grund dafür dürfte in der Tatsache zu uchen sein, daß die Schaltspannung nur schwer zu verstellen ist. chmitt-Trigger und Flip-Flop haben folgendes gemeinsam: sie chalten mit negativem Signum. Die Frage, die man sich stellen ann: gibt es Spannungsschalter mit Transistoren vom gleichen ypus mit positivem Signum? Versucht man, einen solchen Schalter u konstruieren, kann von der Transistorgrundschaltung mit einem ollektor- und einem Emitterwiderstand ausgegangen werden (Abb.20).

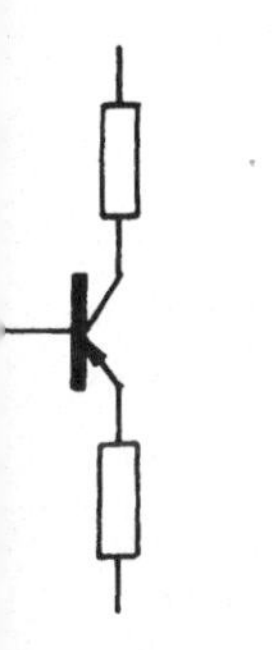

bb. 20
rundschaltung für
pannungsschalter

Da das Signum positiv sein soll, muß die Ankoppelung über den Emitterwiderstand erfolgen. Man erhält den Emittergekoppelten Flip-Flop (Abb. 21).

Die Aufzählung der verschiedenen Schaltertypen erhebt keineswegs den Anspruch, vollständig zu sein. Es ist durchaus denkbar, daß neue Kopplungsvariationen gefunden werden.

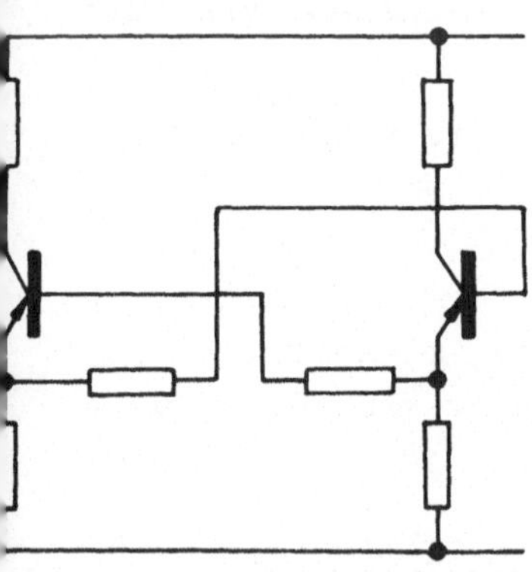

Abb. 21
Emittergekoppelter Flip-Flop
als Schalter mit positivem Signum

.6 SPANNUNGSSCHALTER MIT TRANSISTOREN VON VERSCHIEDENEM TYPUS

er bekannteste Schalter auf diesem Gebiet ist ein Schalter mit ositivem Signum (Abb. 22). Bei diesem Schalter sind entweder

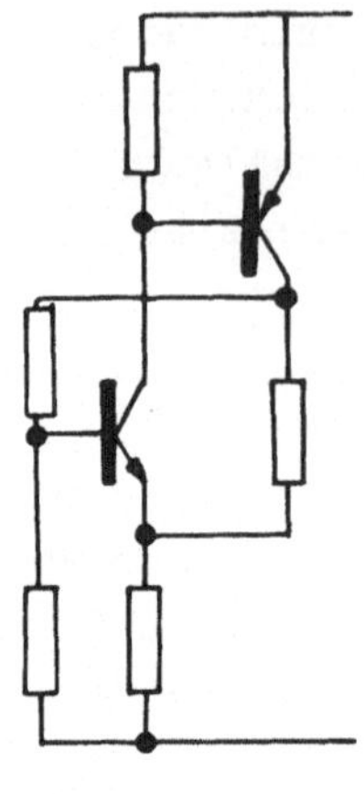

beide Transistoren geöffnet oder gesperrt. Einen Spannungsschalter mit negativem Signum kann man ebenso wie im vorigen Kapitel konstruieren (Abb. 23).

Abb. 22
Schalter mit zwei komplementären Transistoren

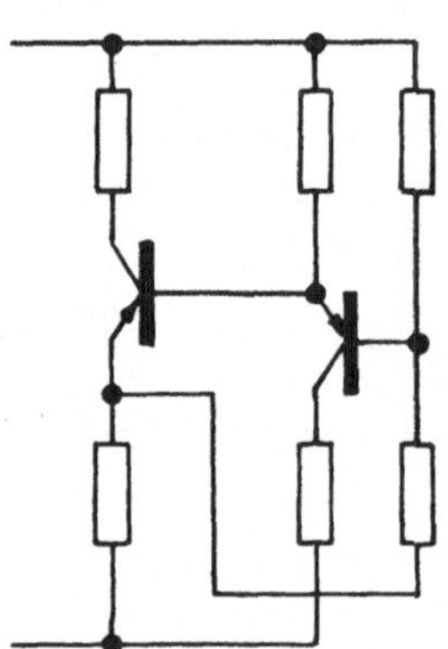

Die angegebenen Schaltbeispiele sollen dem Leser als Anregung dienen, weitere Spannungsschalter zu konstruieren. Es soll hier nur ein Ausschnitt aus einer Vielzahl von Möglichkeiten angegeben werden, die es ermöglichen sollen, Spannungsschalter entsprechend den gestellten Anforderungen zu entwerfen.

Abb. 23 Schalter mit Transistoren von verschiedenem Typus mit negativem Signum

In den folgenden Kapiteln werden Schalter, die praktische Bedeutung erlangt haben, diskutiert.

4 DER SCHMITT-TRIGGER

Der transistorisierte Schmitt-Trigger wurde im Kapitel 3.5, Abb. 18 dargestellt. Im selben Kapitel findet sich eine Kurzbeschreibung des Schaltvorganges.

4.1 ZERLEGUNG EINES SCHMITT-TRIGGERS IN ZWEI TEILSCHALTUNGEN

In Abb. 24 wird die Zerlegung des Schmitt-Triggers in zwei Teilschaltungen graphisch dargestellt. Um lineare Ergebnisse zu erhalten, wurde der Basis-Emitterwiderstand als linear angenommen. Das entspricht zwar nicht den Tatsachen, bedeutet jedoch eine wesentliche Vereinfachung in der Berechnung. Erst später wird auf die Nichtlinearität dieses Widerstandes eingegangen werden. Der herkömmliche Schmitt-Trigger besitzt eine konstante Versorgungsspannung U, der Eingangsstrom, mit I_{B1} bezeichnet, wird verändert. In der Praxis wird man jedoch nicht von Eingangsströmen, sondern von Eingangsspannungen sprechen. Auf das Problem der Eingangsspannungen soll später eingegangen werden.

Neben der Betriebsart, bei der U konstant gehalten wird, ergeben sich vorerst rein formal weitere Betriebsarten: I_{B1} wird konstant gehalten, während U verändert wird. Weiterhin ist es möglich, beide Größen, nämlich U und I_{B1} zu verändern. Das Schaltverhalten wird auch in diesen Fällen untersucht.

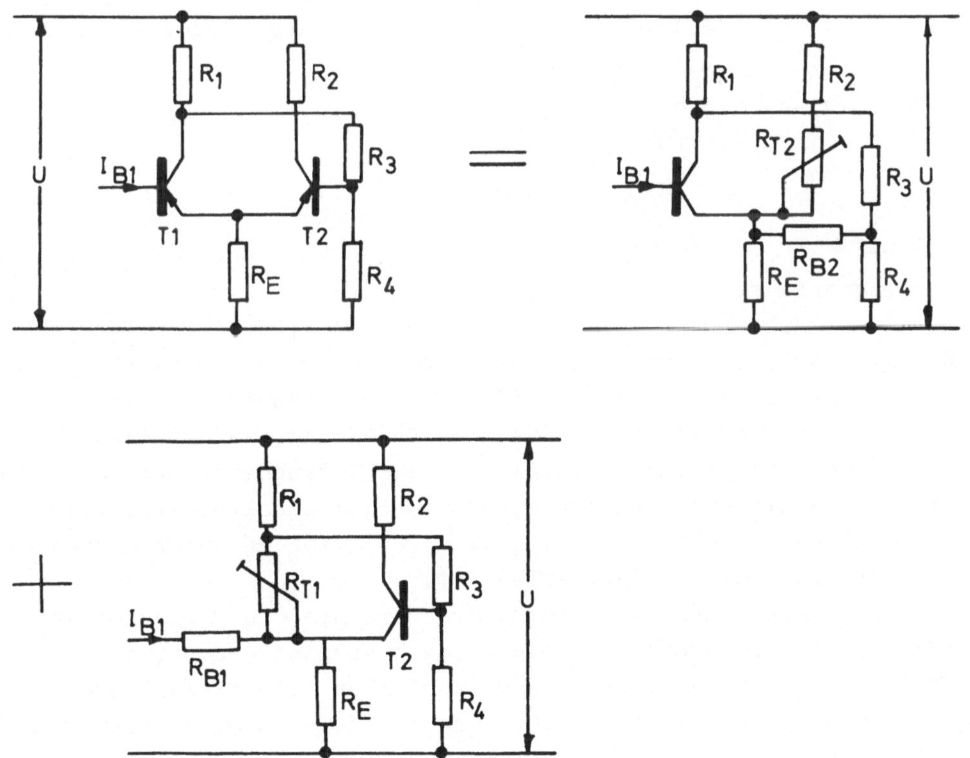

Abb. 24 Zerlegung eines Schmitt-Triggers in zwei Teilschaltungen

4.1.1 BERECHNUNG VON TEILSCHALTUNG I

In Abb. 25 ist diese Teilschaltung noch einmal herausgezeichnet und die zur Berechnung notwendigen Teilströme eingezeichnet.

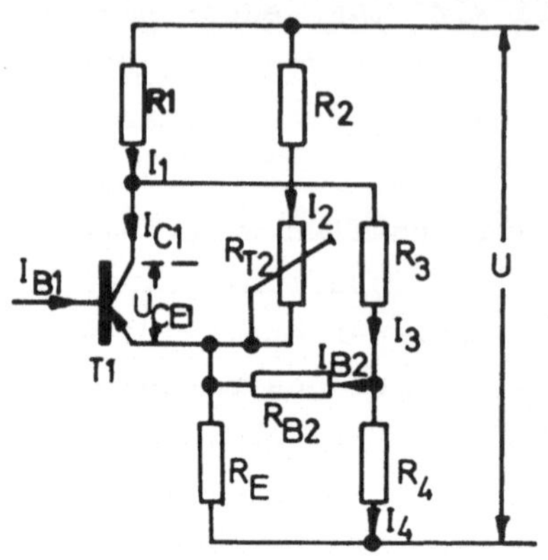

Abb. 25
Stromverlauf in Teilschaltung I

Aus dem Schaltbild Abb. 25 können unter Verwendung der Kirchhoff'schen Sätze folgende Beziehungen abgeleitet werden:

$$I_1R_1 + U_{CE1} + I_{C1}R_E + I_{B1}R_E + I_2R_E + I_{B2}R_E = U$$
$$I_2R_2 + I_2R_{T2} + I_{C1}R_E + I_{B1}R_E + I_2R_E + I_{B2}R_E = U$$
$$I_1R_1 + I_3R_3 + I_{B2}R_{B2} + I_{C1}R_E + I_{B1}R_E + I_2R_E + I_{B2}R_E = U$$
$$I_1R_1 + I_3R_3 + I_4R_4 = U$$
$$I_1 = I_3 + I_{C1}$$
$$I_3 = I_{B2} + I_4$$

Das Ergebnis soll folgende Form haben:

$$U_{CE1} = f(U, I_{B1}, R_{T2}) \qquad I_{C1} = B \cdot I_{B1}$$

Es fällt auf, daß zum Unterschied zur allgemeinen Behandlung in Kapitel 3.1 eine weitere Größe in die Berechnung miteinbezogen wurde, nämlich die Größe I_{B1}. Der Grund, warum diese Größe noch hinzugefügt wird, ist in der Tatsache zu suchen, daß der Schmitt-Trigger ein nichtautonomer Schalter ist. Die tatsächliche Bedeutung von I_{B1} wird dem Leser in den nächsten Kapiteln noch ausführlich erläutert.

Das obige Gleichungssystem kann auf verschiedene Weise gelöst werden. Im vorliegenden Fall empfiehlt es sich jedoch, als Lösungsweg die Cramer'sche Regel zu wählen. Die Einzelheiten der Rechnung sollen hier nicht näher ausgeführt werden. In allen folgenden Kapiteln werden der Übersichtlichkeit halber Polynome aus konstanten Widerständen mit einer Zahl in einer runden Klammer dargestellt, zum Beispiel (6).

Die Lösung kann in folgender Form angeschrieben werden:

$$U_{CE1} = U\frac{(1)R_{T2}+(4)}{(8)R_{T2}+(7)} + I_{C1}\frac{(2)R_{T2}+(5)}{(8)R_{T2}+(7)} + I_{B1}\frac{(3)R_{T2}+(6)}{(8)R_{T2}+(7)}$$

Die Abkürzungen bedeuten

$$(1) = -(R_3R_4+R_3R_{B2}+R_4R_{B2}+R_3R_4)$$

$$(2) = R_1R_3R_4+R_3R_4R_E+R_1R_{B2}R_E+R_3R_{B2}R_E+R_4R_{B2}R_E+R_1R_3R_{B2}+R_1R_4R_{B2}+R_1R_3R_E$$

$$(3) = -(R_3R_4R_E+R_1R_{B2}R_E+R_3R_4R_{B2}+R_{B2}R_4R_E)$$

$$(4) = R_ER_{B2}R_1-R_2R_3R_4-R_2R_3R_{B2}-R_2R_4R_{B2}-R_2R_3R_E$$

$$(5) = R_1R_2R_3R_4+R_2R_3R_4R_E+R_1R_2R_{B2}R_E+R_2R_3R_{B2}R_E+R_2R_4R_{B2}R_E+R_1R_2R_3R_{B2}+$$
$$+R_1R_2R_4R_{B2}+R_1R_2R_3R_E+R_1R_3R_4R_E+R_1R_3R_{B2}R_E+R_1R_4R_{B2}R_E$$

$$(6) = -(R_2R_3R_4R_E+R_1R_2R_{B2}R_E+R_2R_3R_ER_{B2}+R_2R_{B2}R_4R_E+2R_3R_4R_E^2+$$
$$+2R_1R_{B2}R_E^2+2R_3R_E^2R_{B2}+2R_{B2}R_4R_E^2)$$

$$(8) = -(R_1R_{B2}+R_1R_E+R_3R_{B2}+R_3R_E+R_4R_{B2}+R_4R_E+R_1R_4+R_3R_4)$$

$$(7) = -(R_1R_2R_{B2}+R_1R_2R_E+R_2R_3R_{B2}+R_2R_3R_E+R_2R_4R_{B2}+R_2R_4R_E+R_1R_2R_4+$$
$$+R_2R_3R_4+R_1R_ER_{B2}+R_3R_ER_{B2}+R_4R_{B2}R_E+R_1R_4R_E+R_3R_4R_E)$$

Die obige Beziehung kann nach dem idealisierten Kennlinienfeld weiter vereinfacht werden:

$$U_{CE1} = U\frac{(1)R_{T2}+(4)}{(8)R_{T2}+(7)} + I_{B1}\frac{(9)R_{T2}+(10)}{(8)R_{T2}+(7)}$$

Hierin bedeuten

$$(9) = (2)B+(3) \qquad (10) = (5)B+(6)$$

Der Widerstand R_{T2}, der ja den Transistor T2 darstellt, soll nur zwei stabile Arbeitspunkte annehmen:

$$R_{T2} = \infty \qquad R_{T2} = R_R$$

Für die Kollektor-Emitter-Spannung von T1 folgt für offenen Transistor T2:

$$U_{CE1} = U\frac{(1)R_R+(4)}{(8)R_R+(7)} + I_{B1}\frac{(9)R_R+(10)}{(8)R_R+(7)}$$

Für gesperrten Transistor hingegen:

$$U_{CE1} = U\frac{(1)}{(8)} + I_{B1}\frac{(9)}{(8)}$$

Wie man erkennen kann, läßt sich aus den obigen Beziehungen keine Aussage über die Schaltpunkte des Schalters ableiten. Zu diesem Zweck muß Teilschaltung II berechnet werden.

4.1.2 BERECHNUNG VON TEILSCHALTUNG II

In Abb. 26 ist diese Teilschaltung noch einmal herausgezeichnet. Analog der Berechnung von Teilschaltung II kann hier vorgegangen werden. Folgende Beziehungen können aus Abb. 26 herausgelesen werden:

$$I_1R_1 + I_6R_{T1} + I_6R_E + I_{B2}R_E + I_{B1}R_E + I_{C2}R_E = U$$

$$I_1R_1 + I_3R_3 + I_4R_4 = U$$

$$I_1R_1 + I_3R_3 + I_{B2}R_{B2} + I_6R_E + I_{B2}R_E + I_{B1}R_E + I_{C2}R_E = U$$

$$I_{C2}R_2 + U_{CE2} + I_6R_E + I_{B2}R_E + I_{B1}R_E + I_{C2}R_E = U$$

$$I_1 = I_3 + I_6$$

$$I_3 = I_{B2} + I_4$$

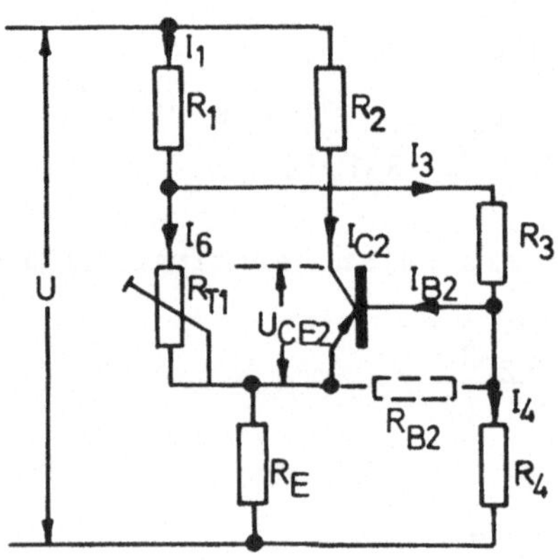

Abb. 26 Stromverlauf in Teilschaltung II

Zum Unterschied von Teilschaltung I erhält man folgende Resultate:

$$U_{CE2} = f_1\,(U, I_{B1}, R_{T1}) \qquad I_{C2} = f_2(U, I_{B1}, R_{T1})$$

Die Werte für U_{CE2} und I_{C2} können wieder nach der Cramer'schen Regel berechnet werden:

$$U_{CE2} = U\,\frac{(11)R_{T1} + (12)}{(16)R_{T1} + (15)} + I_{B1}\,\frac{(14)R_{T1} + (13)}{(16)R_{T1} + (15)}$$

$$I_{C2} = U\,\frac{(17)R_{T1} + (18)}{(16)R_{T1} + (15)} + I_{B1}\,\frac{(19)R_{T1} + (20)}{(16)R_{T1} + (15)}$$

Hierin bedeuten

$$(11) = \frac{1}{B}R_1R_{B2} + \frac{1}{B}R_3R_{B2} + \frac{1}{B}R_4R_{B2} - R_2R_4 + \frac{1}{B}R_1R_4 + \frac{1}{B}R_3R_4 + R_3R_E + \frac{1}{B}R_3R_E + R_1R_E + \frac{1}{B}R_1R_E$$

$$(12) = R_2R_3R_E + \frac{1}{B}R_1R_3R_4 + R_1R_3R_E + \frac{1}{B}R_1R_3R_E + \frac{1}{B}R_1R_3R_{B2} + \frac{1}{B}R_1R_4R_{B2} + \frac{1}{B}R_1R_{B2}R_E$$

$$(13) = R_1R_2R_3R_E - \frac{1}{B}R_1R_3R_4R_E - \frac{1}{B}R_1R_3R_{B2}R_E - \frac{1}{B}R_1R_4R_{B2}R_E$$

$$(14) = R_1R_2R_E + R_2R_3R_E + R_2R_4R_E - \frac{1}{B}R_1R_{B2}R_E - \frac{1}{B}R_3R_{B2}R_E - \frac{1}{B}R_4R_{B2}R_E - \frac{1}{B}R_1R_4R_E - \frac{1}{B}R_3R_4R_E$$

$$(15) = \frac{1}{B}R_1R_{B2}R_E + \frac{1}{B}R_3R_{B2}R_E + \frac{1}{B}R_4R_{B2}R_E + \frac{1}{B}R_1R_3R_4 + R_1R_3R_E + \frac{1}{B}R_1R_3R_{B2} + \frac{1}{B}R_1R_4R_{B2} + \frac{1}{B}R_3R_4R_E + \frac{1}{B}R_1R_3R_E$$

$$(16) = R_1R_E + \frac{1}{B}R_1R_{B2} + \frac{1}{B}R_1R_E + R_3R_E + \frac{1}{B}R_3R_{B2} + \frac{1}{B}R_3R_E + R_4R_E + \frac{1}{B}R_4R_{B2} + \frac{1}{B}R_4R_E + \frac{1}{B}R_1R_4 + \frac{1}{B}R_3R_4$$

$$(17) = R_4$$

$$(18) = -R_3R_E$$

$$(19) = -(R_1R_E + R_3R_E + R_4R_E)$$

$$(20) = -R_1R_3R_E$$

4.2 DAS SCHALTVERHALTEN DES SCHMITT-TRIGGERS

4.2.1 DAS SCHALTVERHALTEN BEI STEIGENDEM I_{B1} BZW. STEIGENDEM U

4.2.1.1 I_{B1} - BETRIEB

Als I_{B1}-Betrieb soll die herkömmliche Trigger-Betriebsweise bezeichnet werden. An den Trigger wird die konstante Spannung U angelegt und der Eingangsstrom I_{B1}, von Null beginnend, langsam erhöht. Die Stromquelle für I_{B1} wird als ideal angenommen, das heißt, der Eingangsstrom ändert sich bei einer Änderung des Eingangswiderstandes nicht.

Für $I_{B1} = 0$ erhält man folgende Beziehungen:

$$U_{CE1} = U\frac{(4) + (1)R_{T2}}{(7) + (8)R_{T2}} \qquad I_{C2} = U\frac{(17)R_6 + (18)}{(16)R_6 + (15)}$$

$$U_{CE2} = U\frac{(11)R_{T1} + (12)}{(16)R_{T1} + (15)}$$

R_{T1} und R_{T2} sind dann:

$$R_{T1} = \frac{U}{I_{C1}}\frac{(4) + R_{T2}(1)}{(7) + R_{T2}(8)} \qquad R_{T2} = \frac{(11)R_{T1} + (12)}{(17)R_{T1} + (18)}$$

I_{C1} ist Null, da ja auch I_{B1} Null ist. Somit ist R_{T1} unendlich groß. Nach der Regel von L'Hospital ergibt sich für R_{T2}

$$R_{T2} = \frac{(11)}{(17)}$$

und somit für U_{CE1}

$$U_{CE1} = U\frac{(4)(17) + (1)}{(7)(17) + (11)}$$

U_{CE1} ist somit direkt proportional der angelegten Spannung U. Diese Tatsache soll an dieser Stelle festgehalten werden, da bei der Besprechung der nichtlinearen Effekte auf diese Stelle zurückgegriffen wird.

In der Einleitung wurde gefordert, daß T2 nur zwei stabile Arbeitspunkte annehmen soll. Für $I_{B1} = 0$ soll R_{T2} dem Restwiderstand entsprechen. Dies ist in obiger Beziehung nicht unbedingt der Fall. Der Widerspruch erklärt sich aus folgender Tatsache: Die Forderung

$$R_{T2} \geqq R_R$$

wurde nicht in das Rechenprogramm aufgenommen. Der Arbeitspunkt kann daher nach dieser Rechnung auch links der Sättigungsgeraden im idealisierten Kennlinienfeld liegen. Diese Rechenmethode hat einen Vorteil, wenn man sich folgendes überlegt: erhöht sich der Strom I_{B1}, so sinkt auch der Widerstand R_{T1}, wie weiter unten gezeigt wird. Ist nun

$$R_{T2} > R_R$$

so sinkt der Widerstand solange nach der Rechnung, bis formal

$$R_{T2} = R_R$$

ist. Dann erst sinkt der Widerstand tatsächlich und der Schaltprozeß wird eingeleitet. Will man den Schaltpunkt des Systems bestimmen, so ist der Punkt dann erreicht, wenn R_{T2} formal gleich dem Widerstand des Transistors auf der Sättigungsgeraden wird

Diese etwas komplizierte Rechenmethode wird sofort etwas klarer, wenn man nicht das Gleichungssystem betrachtet, sondern die Schaltung Abb. 24. Transistor T2 erhält den zum Leiten notwendigen Basisstrom über R1 und R3. Dieser Basisstrom kann größer sein, als zum vollständigen Durchschalten unbedingt notwendig ist: Transistor T2 ist übersteuert. Verringert sich nun der Basisstrom, so wird ein Punkt erreicht werden, bei dem der Basisstrom gerade noch in der Lage ist, den Arbeitspunkt auf der Sättigungsgeraden zu halten. Bei weiterem Absinken beginnt der Schaltprozeß.
Man kann daher zum Berechnen der Schaltpunkte fiktive Arbeitspunkte jenseits der Sättigungsgeraden annehmen und daraus die Schaltpunkte berechnen.

Diese Überlegungen basieren jedoch auf der Tatsache, daß

$$\operatorname{sgn} \frac{dR_{T2}}{dR_{T1}} = -1$$

ist. Der Beweis soll jetzt erbracht werden: mit steigendem I_{B1} wird R_{T1} kleiner. Das folgt unmittelbar aus der Beziehung:

$$R_{T1} = \frac{U}{B I_{B1}} \frac{(1)R_R + (4)}{(8)R_R + (7)} + \frac{1}{B} \frac{(9)R_R + (10)}{(8)R_R + (7)}$$

Der direkte und vollständige Beweis für die Beziehung

$$\operatorname{sgn} \frac{dR_{T2}}{dR_{T1}} = -1$$

ist kompliziert und langwierig. Er soll hier nur in abgekürzter Form wiedergegeben werden. Vernachlässigt man den Basisstrom I_{B1} gegenüber I_{C2}, so erhält man nach Kapitel 3 die Beziehung:

$$\operatorname{sgn} \frac{dR_{T2}}{dR_{T1}} = \operatorname{sgn}[(11)(18) - (12)(17)]$$

mit

$$[(11)(18) - (12)(17)] = -\frac{1}{B}R_1R_3R_ER_{B2} - \frac{1}{B}R_3^2R_{B2}R_E - \frac{1}{B}R_3R_4R_{B2}R_E - \frac{1}{B}R_1R_3R_4R_E - \frac{1}{B}R_3^2R_4R_E - R_3^2R_E^2 - \frac{1}{B}R_3^2R_E^2 - R_1R_3R_E^2 - \frac{1}{B}R_1R_3R_E^2 - \frac{1}{B}R_1R_3R_4^2 - R_1R_3R_4R_E - \frac{1}{B}R_1R_3R_4R_E - \frac{1}{B}R_1R_3R_4R_{B2} - \frac{1}{B}R_1R_4^2R_{B2} - \frac{1}{B}R_1R_{B2}R_ER_4$$

Die Funktion

$$\frac{dR_{T2}}{dR_{T1}}$$

ist somit negativ für alle denkbaren Werte, R_{T2} wird vergrößert, wenn R_{T1} fällt. Mit dieser Modellvorstellung kann man schon den

Schaltpunkt bei steigendem I_{B1} berechnen. Voraussetzung für das Schalten ist natürlich die Bedingung

$$\frac{dR_{T1}}{dR_{T2}} < 0$$

die aus der zweiten Teilschaltung berechnet wird. Würde diese Bedingung ohne Einschränkungen gelten, so wäre der Schmitt-Trigger ein autonomer Transistorschalter mit negativem Signum. Das ist jedoch, wie erst später gezeigt wird, nicht der Fall. Die Berechnung der Schaltpunkte nach dem oben angegebenen Schema soll aber trotzdem jetzt durchgeführt werden.

Der Schaltpunkt wird dann erreicht, wenn gilt:

$$R_{T2} = R_R = \frac{U(11)R_{T1} + U(12) + I_{B1}(14)R_{T1} + I_{B1}(13)}{U(17)R_{T1} + U(18) + I_{B1}(19)R_{T1} + I_{B1}(20)}$$

Oder umgeformt

$$R_{T1} = \frac{U(21) + I_{B1}(22)}{U(23) + I_{B1}(24)}$$

mit

$$(21) = (18)R_R - (12) \qquad (23) = (11) - (17)R_R$$

$$(22) = (20)R_R - (13) \qquad (24) = (14) - (19)R_R$$

Außerdem gilt für R_{T1}

$$R_{T1} = \frac{U}{I_{B1}}(25) + (26)$$

mit

$$(25) = \frac{1}{B}\,\frac{(4) + (1)R_R}{(7) + (8)R_R} \qquad (26) = \frac{1}{B}\,\frac{(10) + (9)R_R}{(7) + (8)R_R}$$

Beide Gleichungen zusammengesetzt ergeben eine quadratische Form in U und I_{B1}

$$U^2(23)(25) + U I_{B1}[(23)(26) + (24)(25) - (21)] + I_{B1}^2[(24)(26) - (22)] = 0$$

Für ein gegebenes U kann der jeweilige Schaltwert von I_{B1S} aus der Schaltung berechnet werden. In Abb. 27 ist die Beziehung

$$I_{B1S} = f(U)$$

für einen gebräuchlichen Schmitt-Trigger zusammengestellt. Der Schaltstrom

$$I_{B1S} = AU$$

ist direkt proportional der Betriebsspannung U.

Diese Beziehung läßt vermuten, welche Betriebsarten beim Schmitt-Trigger möglich sind. Die erste Möglichkeit ist die bereits besprochene, daß U konstant gehalten wird und I_{B1} verändert wird. Aber es müßte nach dieser Formel auch möglich sein, I_{B1} konstant zu halten und U zu verändern. Schließlich können auch beide Werte verändert werden. Der Quotient

$$U / I_{B1S}$$

bleibt immer konstant. Dem Autor ist keine Anwendung der Schaltung bekannt, bei der I_{B1} konstant gehalten wird und U verändert wird. Hingegen entspricht die Betriebsart, in der I_{B1} und U gemeinsam verändert werden, dem Schmitt-Trigger ohne Versorgungsspannung, der noch ausführlich besprochen wird. Es muß jedoch betont werden, daß bis jetzt kein Beweis erbracht wurde, daß bei Erreichen des Schaltpunktes das Zwei-Transistor-System auch tatsächlich schaltet. Um das nachzuprüfen, muß das Signum der Ableitung

$$\frac{dR_{T1}}{dR_{T2}}$$

entsprechend Kapitel 3 berechnet werden. Die Berechnung erfolgt aus der Formel

$$U_{CE1} = U \frac{(1)R_{T2} + (4)}{(7) + (8)R_{T2}} + B I_{B1} \frac{(2)R_{T2} + (5)}{(7) + (8)R_{T2}}$$

Die Abschätzung erfolgt unter Zuhilfenahme der Ungleichungen

$$I_{C1} R_E < U \qquad I_E > I_{C1}$$

Als Resultat erhält man

$$[(7) + (8)R_{T2}]^2 \frac{dU_{CE1}}{dR_{T2}} > U[R_1 R_3 R_4^2 R_E + R_1 R_4^2 R_E R_{B2} + R_1 R_3 R_E^2 R_{B2} + R_3^2 R_E^2 R_{B2} + R_3 R_4 R_{B2} R_E^2 +$$
$$+ R_1 R_3 R_4 R_E^2 + R_3^2 R_4 R_E^2 + R_1^2 R_{B2}^2 R_E + R_1 R_3 R_{B2} R_E^2 + R_1 R_4 R_{B2} R_E^2 + R_1^2 R_4 R_{B2} R_E + R_1 R_3 R_4 R_{B2} R_E]$$

Der Differentialquotient ist für alle vorkommenden Werte größer als 0, ein Schmitt-Trigger-Effekt somit ausgeschlossen. Der Schmitt-Trigger ist daher ein nichtautonomer Schalter.

Um aber einen Schaltvorgang einzuleiten, muß man eine der Eingangsgrößen I_{B1} oder U verändern. Da U konstant bleiben soll, muß während des Schaltvorganges I_{B1} verändert werden. Während des Schaltvorgangs soll sich R_{T1} und R_{T2} verändern. Man kann daher vorerst den Ansatz machen:

$$I_{B1} = f(R_{T2})$$

In Abb. 28 ist das Schaltbild der Anordnung aufgezeichnet.

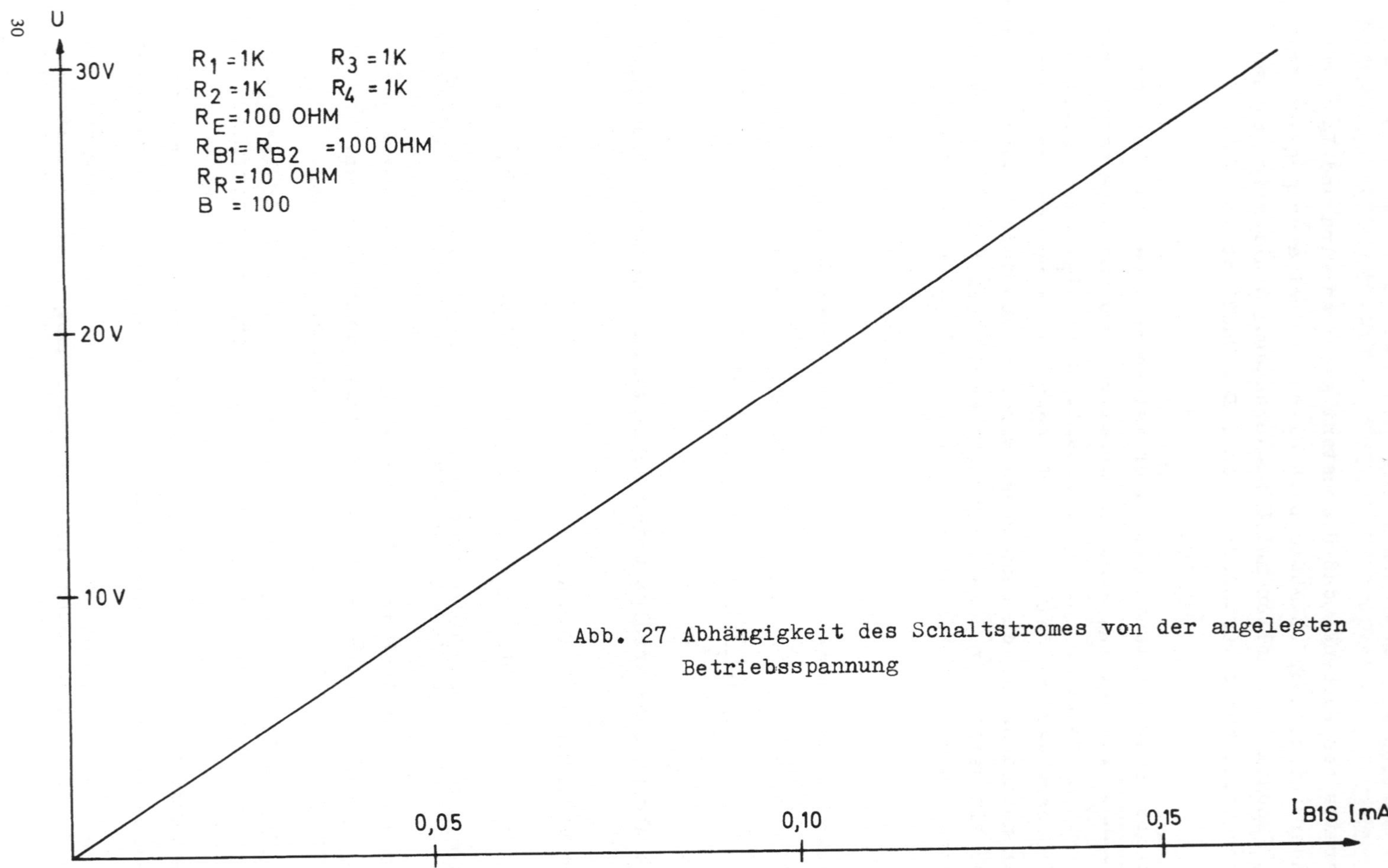

Abb. 27 Abhängigkeit des Schaltstromes von der angelegten Betriebsspannung

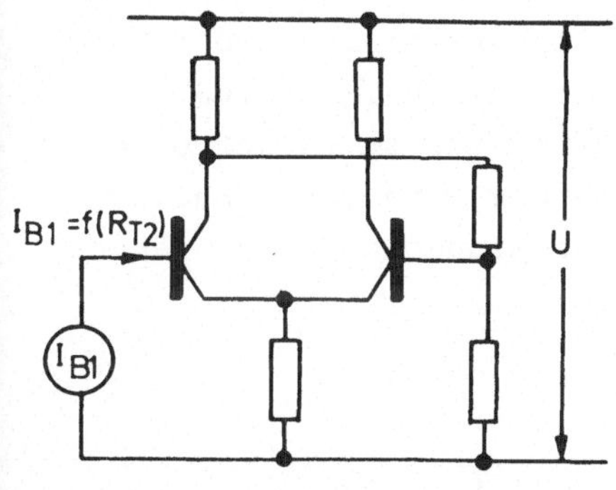

Abb. 28
Veränderliche Stromquelle am Eingang des Schmitt-Triggers

Diese Festsetzung scheint auf den ersten Blick etwas unmotiviert, bedeutet aber nichts anderes als eine Rückkoppelung des Eingangs auf den Ausgang, wie sie schon in der Einleitung (Abb. 7) erwähnt wurde. Dieser Ansatz zeigt deutlich die Problematik der nichtautonomen Schalter. Nimmt man anstelle der idealen Stromquelle eine reale mit einem endlich großen Innenwiderstand, so beeinflußt dieser Innenwiderstand den Schaltvorgang. Aber auch die Problematik der Übertragung von Röhrenschaltungen in Transistorschaltungen wird hier deutlich. Der Röhren-Schmitt-Trigger hat einen unendlich hohen Eingangswiderstand, der Eingangsstrom ist somit sehr nahe an Null. Es tritt derselbe Fall wie bei Abb. 7 und Abb. 10 auf. Die Ausgangsröhre wirkt auf die Eingangsspannung zurück und verursacht auf diese Weise den Kipp-Prozeß. Die Rückwirkung hat zur Folge, daß die wirksame Eingangsspannung vergrößert wird, die Eingangsspannung selbst jedoch konstant bleibt. Der aus Röhren aufgebaute Schmitt-Trigger ist daher autonom (Abb. 29).

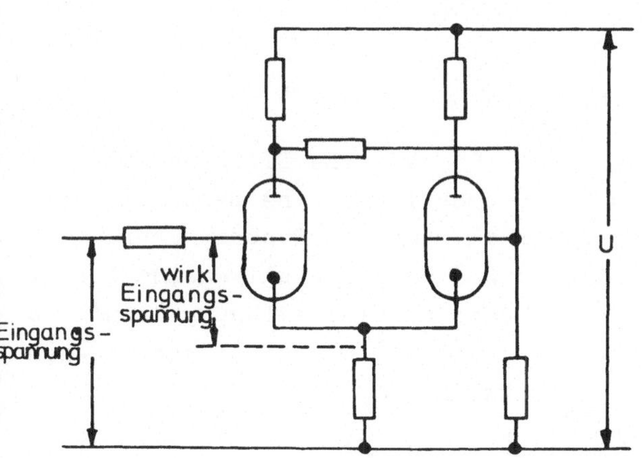

Abb. 29
Schmitt-Trigger mit Röhren

Die Forderung nach Veränderung des Eingangsstromes muß folgende Lösung ergeben: Um einen Schaltvorgang zu erhalten, muß die Änderung des Eingangsstromes größer als eine zu berechnende Mindeständerung sein. Bei Mindeständerung wird der Schalter gerade noch schalten, unterhalb dieser Mindeständerung jedoch nicht. Das Vorzeichen des Ausdruckes

$$\frac{dR_{T1}}{dR_{T2}} = \frac{B\,I_{B1}\frac{dU_{CE1}}{dR_{T2}} - B\,U_{CE1}\frac{dI_{B1}}{dR_{T2}}}{B^2 I_{B1}^2}$$

soll kleiner als 0 sein. Diese Forderung ist identisch mit folgender Forderung

$$I_{B1}\frac{dU_{CE1}}{dR_{T2}} - U_{CE1}\frac{dI_{B1}}{dR_{T2}} < 0$$

Durch Einsetzen der am Anfang des Kapitels abgeleiteten Gleichungen erhält man folgende Ungleichung:

$$\frac{dR_{B1}}{dR_{T2}} - I_{B1}\frac{(1)(7)-(4)(8)}{[(7)+(8)R_{T2}][(4)+(1)R_{T2}]} - \frac{I_{B1}^2}{U}\frac{(9)(7)-(8)(10)}{[(7)+(8)R_{T2}][(4)+(1)R_{T2}]} = c > 0$$

Dabei gelten für die Vorzeichen der einzelnen Glieder

$$(1)(7)-(4)(8) > 0 \qquad (9)(7)-(8)(10) < 0 \qquad [(7)+(8)R_{T2}][(4)+(1)R_{T2}] > 0$$

Durch Einführen der Größen

$$(1)(7)-(4)(8) = (27) \qquad (8)(10)-(9)(7) = (28)\,U$$

$$\varphi(R_5) = \frac{1}{[(7)+(8)R_{T2}]\,[(4)+(1)R_{T2}]}$$

folgt

$$\frac{dI_{B1}}{dR_{T2}} - I_{B1}(27)\,\varphi(R_{T2}) + I_{B1}^2(28)\,\varphi(R_{T2}) = c$$

mit $c > 0$, jedoch beliebig klein (Riccatische Differentialgleichung). Setzt man $c = 0$, so erhält man eine Bernoullische Differentialgleichung. Nach der allgemeinen Theorie über Riccatische Differentialgleichungen kann die allgemeine Lösung nur ermittelt werden, wenn man eine spezielle Lösung kennt. Da aber keine spezielle Lösung bekannt ist, muß man einen anderen Lösungsweg einschlagen. Die Funktion

$$I_{B1}^2(28)\,\varphi(R_{T2})$$

ist für alle denkbaren Werte positiv. Ist eine Lösung der Gleichung

$$\frac{dI_{B1}}{dR_{T2}} - I_{B1}(27)\varphi(R_{T2}) = 0$$

bekannt, so ist diese Lösung auch sicherlich eine Lösung der Riccatischen Differentialungleichung. Mit der Lösung der homogenen Differentialgleichung erhält man zwar nicht die Mindestfunktion aber eine recht gute Näherung:

$$I_{B1} = C\exp[(27)\int\varphi(R_{T2})dR_{T2}] = Cu(R_{T2})$$

Weiters gilt

$$\int\varphi(R_{T2})dR_{T2} = \frac{1}{(27)}\ln\frac{(1)(8)R_{T2}+(4)(8)}{(1)(8)R_{T2}+(1)(7)}$$

Beide Gleichungen zusammengesetzt ergeben für die Annäherung an die Mindestfunktion I_{B1M}

$$I_{B1M} = C\frac{(1)(8)R_{T2}+(4)(8)}{(1)(8)R_{T2}+(1)(7)}$$

Die Integrationskonstante C hat die Dimension eines Stromes, ihr Wert soll erst später bestimmt werden.
Es soll nur noch gezeigt werden, daß Funktionen der Form

$$\Psi(R_{T2}) = I_{B1M}(R_{T2}) + \kappa(R_{T2})$$

Lösungen der Differentialungleichung sind, wenn die Funktionen

$$\Psi(R_{T2}) \quad ; \quad \kappa(R_{T2})$$

folgende Bedingungen erfüllen:

1. Ψ soll monoton im strengen Sinn sein

2. Wie zu Beginn des Kapitels bereits erwähnt wurde, wird der Basisstrom von Null beginnend zuerst erhöht. Bei Erreichen des Schaltpunktes, wenn R_{T2} formal gleich dem Restwiderstand R_R wird, soll die Basisstromerhöhung einsetzen. Es muß daher gelten

$$\kappa(R_R) = 0 \qquad ; \qquad \kappa(R_{T2}<R_R) = 0$$

3. Die Funktion $\kappa(R_{T2})$ soll stetig differenzierbar sein.

Für

$$\Psi(R_R)$$

ist die Differentialungleichung erfüllt, denn es gilt

$$\frac{d\Psi(R_R)}{dR_{T2}} \geqq \frac{dI_{B1M}(R_R)}{dR_{T2}} \; ; \quad I^2_{B1M}(R_R)(28)\,\varphi(R_R) = \Psi^2(R_R)(28)\,\varphi(R_R)$$

$$I_{B1M}(R_R)(27)\,\varphi(R_R) = \Psi(R_R)(27)\,\varphi(R_R)$$

Die Behauptung lautet, daß die Differentialungleichung für alle Werte von R_{T2} erfüllt ist. Der Beweis wird indirekt geführt: es soll einen Punkt geben, für den gilt:

$$\frac{d\Psi}{dR_{T2}} - \Psi(27)\varphi(R_{T2}) + \Psi^2(28)\varphi(R_{T2}) < 0$$

Da aber

$$\kappa(R_{T2})$$

stetig differenzierbar ist, muß für einen bestimmten Wert von R_{T2} die Differentialgleichung

$$\frac{d\Psi}{dR_{T2}} - \Psi(27)\,\varphi(R_{T2}) + \Psi^2(28)\,\varphi(R_{T2}) = 0$$

erfüllt sein. Die Lösung dieser Gleichung lautet

$$\Psi = \frac{1}{\frac{(28)}{(27)} + C_1 \exp[-(27)\int \varphi(R_{T2})\,dR_{T2}]}$$

Weiters gilt

$$C = \frac{I_{B1S}}{u(R_R)}$$

und

$$C_1 = \frac{1 - \frac{(28)}{(27)} I_{B1S}}{C}$$

Unter der Annahme, daß

$$\Psi > I_{B1}$$

ist, kann geschrieben werden

$$\frac{1}{\frac{(28)}{(27)} + \frac{C_1}{u(R_{T2})}} > Cu(R_{T2})$$

Setzt man den Ausdruck für C_1 ein, so erhält man

$$0 > Cu(R_{T2}) - I_{B1S}$$

Dieses Ergebnis führt zu der Folgerung

$$\Psi(R_{T2}) < I_{B1}(R_{T2})$$

zumindest für einen Wert von R_{T2}, da

$$\kappa(R_{T2})$$

monoton wachsen und positiv sein soll. Die Annahme, daß die Funktion

$$\psi(R_{T2})$$

die Differentialungleichung nicht erfüllt, führt zu einem Widerspruch. Dieser Beweis zeigt einen Zusammenhang klar: es gibt eine Mindestfunktion, die man benötigt, um noch einen Schaltvorgang auszulösen. Alle Funktionen, die die Eingangsgröße I_{B1} mehr als die Mindestfunktion verändern, können auch den Schaltvorgang auslösen. In Abb. 30 ist die Mindestfunktion in Abhängigkeit von R_{T2} berechnet.

4.2.1.2 U-BETRIEB

Im vorigen Kapitel wurde folgender Betriebsfall durchdiskutiert: U bleibt konstant, während I_{B1} verändert wird. Es wurde bereits darauf hingewiesen, daß nach den grundlegenden Formeln der umgekehrte Betriebsfall denkbar ist: U wird verändert und I_{B1} bleibt konstant. Technisch ist diese Betriebsart überaus wichtig. Zum Unterschied vom Röhrentrigger ist die Betriebsspannung beim transistorisierten Schmitt-Trigger niedrig. Sie liegt etwa zwischen 5 und 35 Volt, entsprechend den technischen Daten der handelsüblichen Transistoren. Denkt man sich anstelle der Stromquelle für I_{B1} eine Spannungsquelle, so liegen diese Spannungswerte in derselben Größenordnung. Für den Techniker stellt sich daher die Frage: ist die zweite Spannungsquelle, die eine Festspannung darstellt, überhaupt notwendig? Kann man nicht die Vorteile der Transistoren so geschickt ausnützen, daß anstelle der üblichen Transistorschaltung ein Schaltzweipol tritt, bei dem Eingangsspannung und Vergleichsspannung identisch ist?

Der eindeutige Beweis für die Existenz eines Schaltzweipols soll erst später erbracht werden. In diesem Kapitel sollen jedoch die grundlegenden Bedingungen für den U-Betrieb untersucht werden.

Die erste Frage, die beantwortet werden muß, ist die: wie ändert sich R_{T1} und R_{T2} bei Erhöhung von U, wenn I_{B1} als konstant angenommen wird. Aus den Beziehungen

$$\frac{dR_{T2}}{dU} = \frac{dR_{T1}}{dU} \frac{(11)(18)-(12)(17)}{[(17)R_{T1}+(18)]^2}$$

$$\frac{dR_{T1}}{dU} = \frac{1}{BI_{B1}} \frac{(4)+(1)R_{T2}}{(7)+(8)R_{T2}} + \frac{U}{BI_{B1}} \frac{(1)(7)-(4)(8)}{[(7)+(8)R_{T2}]^2} \frac{dR_{T2}}{dU}$$

ergibt sich folgende Gleichung:

$$\frac{dR_{T1}}{dU} \cdot \left\{ 1 - \frac{U}{BI_{B1}} \frac{[(11)(18)-(12)(17)][(1)(7)-(4)(8)]}{[(17)R_{T1}+(18)]^2[(7)+(8)R_{T1}]^2} \right\} = \frac{1}{BI_{B1}} \frac{(4)+(1)R_{T2}}{(7)+(8)R_{T2}}$$

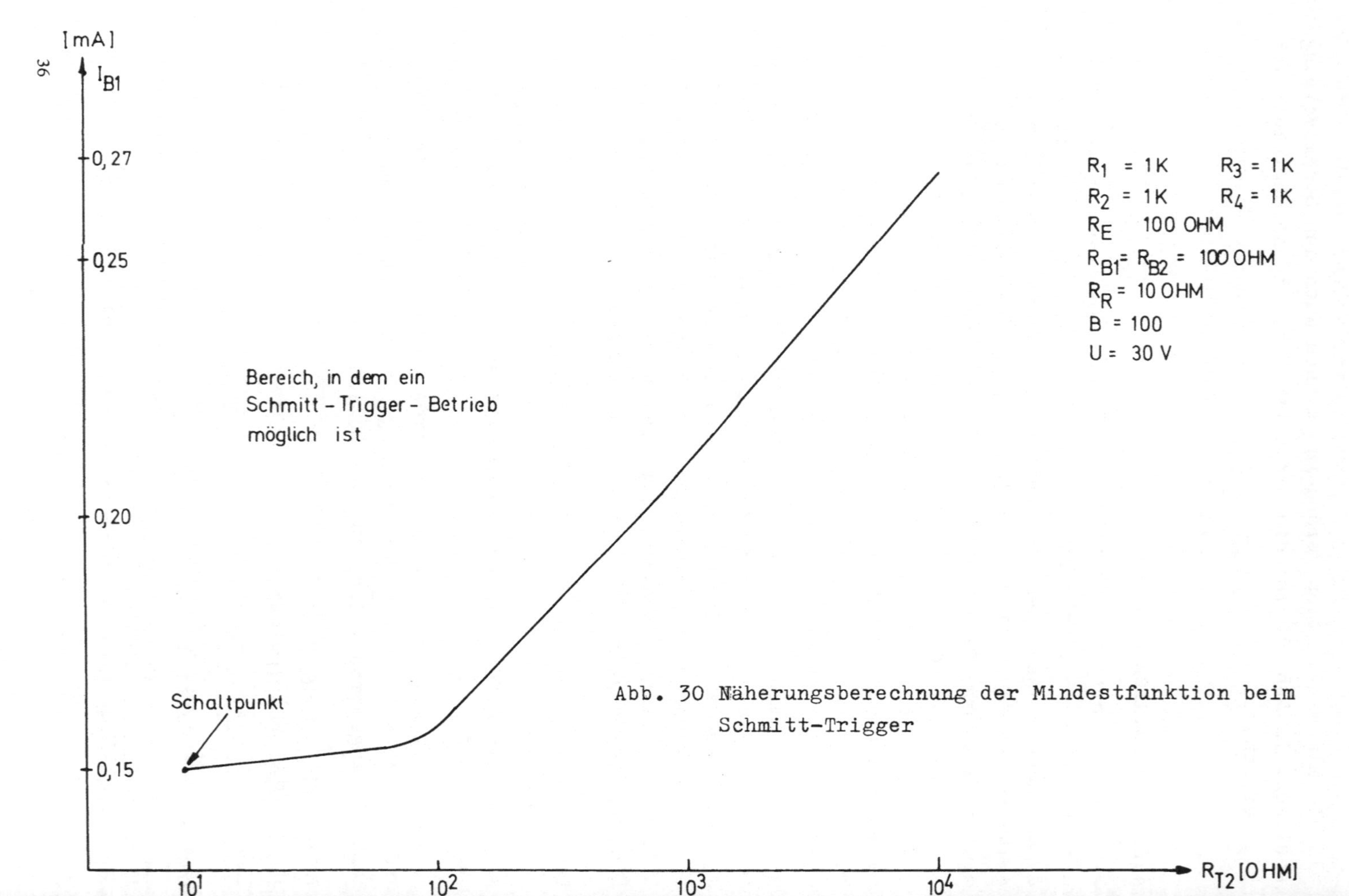

Abb. 30 Näherungsberechnung der Mindestfunktion beim Schmitt-Trigger

Verwendet man die Abschätzungen des vorigen Kapitels, so erhält man:

$$\frac{dR_{T1}}{dU} > 0 \qquad \frac{dR_{T2}}{dU} < 0$$

Bei den obigen Betrachtungen wurden keine Aussagen über die Anfangsbedingungen von R_{T2} gemacht. Da I_{B1} beliebig vorgewählt werden kann, ist es prinzipiell möglich, daß R_{T2} bei niedrigen Werten von U entweder geöffnet oder gesperrt sein kann:

$$R_{T2} = R_R \qquad \text{oder} \qquad R_{T2} = \infty$$

Diese beiden Möglichkeiten sollen nun auf ihre technische Brauchbarkeit untersucht werden:

a) bei steigendem U

a.a) I_{B1} wird so gewählt, daß R_{T2} über alle Grenzen geht. Bei steigendem U fällt R_{T2} und steigt R_{T1}. Aus dem vorigen Kapitel ist bekannt, daß bei fallendem R_{T2} R_{T1} ebenfalls steigt. Ohne zusätzliche Schaltbedingungen ist somit ein Kippen nicht möglich.

a.b) I_{B1} wird so gewählt, daß R_{T2} gleich R_R bei niedrigen Spannungen ist. Bei steigendem U fällt R_{T2} und steigt R_{T1}. R_{T2} kann zwar formal kleiner als R_R werden, aber nie in der Schaltung.

b) bei fallendem U

b.a) I_{B1} wird so gewählt, daß bei hohem U $R_{T2} = R_R$ ist. Bei fallendem U steigt R_{T2}, R_{T1} hingegen fällt. Ein Schalten ist analog dem Fall a.a) nur dann möglich, wenn eine zusätzliche Schaltbedingung gefordert wird.

b.b) I_{B1} wird so gewählt, daß R_{T2} bei hohem U über alle Grenzen geht. Bei fallendem U steigt R_{T2} während R_{T1} fällt. Diese Überlegung führt zu einem Widerspruch, da R_{T2} nicht über den Wert unendlich wachsen kann.

Zusammenfassend folgt daher: Will man im U-Betrieb arbeiten, so muß der konstante Strom I_{B1} so gewählt werden, daß bei niedrigen Spannungen T2 sperrt. Während des Schaltvorganges muß aber bei dieser Betriebsart ein Parameter verändert werden. Die Kombination a.a-b.a arbeitet komplementär zum I_{B1} Betrieb: bei niedrigen I_{B1} leitet T2, während bei niedrigen Werten von U T2 sperrt. Die Kombination a.b-b.b zeigt dasselbe Schaltverhalten wie beim I_{B1} - Betrieb.

Die Forderung nach Veränderung eines Parameters im U-Betrieb zum Einleiten eines Schaltvorgangs ist nicht zu erfüllen. Würde man I_{B1} verändern, so würde das im Widerspruch zur Definition des U-Betriebes stehen. Die Spannung U im Schaltbereich zu verändern hingegen führt zu einer technischen Unmöglichkeit.

Da gezeigt wurde, daß ein reiner U-Betrieb nicht möglich ist, soll analog dem I_{B1}-Betrieb eine Korrekturfunktion für den Fall a.b-b.b eingeführt und durchdiskutiert werden. Da sich nur I_{B1} und nicht U ändern kann, muß man I_{B1} als Funktion von irgendeinem Parameter ansetzen. Es empfiehlt sich, I_{B1} als Funktion von U anzusetzen. Das ist deshalb möglich, da sich alle in Frage kommenden Parameter mit U verändern. Diese Überlegung gilt besonders für R_{T1} und R_{T2}. Es ist daher zu erwarten, daß der Ansatz

$$I_{B1} = I_{B1}(U)$$

zu übersichtlichen Formeln führen wird. Es wird weiterhin gefordert, daß der zu untersuchende Schmitt-Trigger im I_{B1}-Betrieb zufriedenstellend arbeitet. Da aber der erste Fall keine technische Bedeutung hat, soll in Zukunft nur der Fall a.b-b.b ausführlich behandelt werden.

Die Forderung nach Funktionieren des Schalters im I_{B1}-Betrieb beinhaltet die Existenz der Funktion

$$I_{B1} = I_{B1}(R_{T2})$$

Diese Funktion soll erst dann einsetzen, wenn R_{T2} formal den Wert R_R erreicht hat. Dann soll der Schaltprozeß ablaufen und nach erfolgtem Schalten soll die Funktion wieder 0 sein. Es muß daher eine Funktion

$$I_{B1} = I_{B1}(U)$$

gesucht werden, die zur Folge hat, daß gilt

$$\frac{dR_{T2}}{dU} > 0$$

Diese Forderung ist identisch mit der Forderung

$$\frac{dR_{T1}}{dU} < 0$$

Für R_{T1} kann auch vereinfacht geschrieben werden:

$$R_{T1} = \frac{U}{B\,I_{B1}(U)} \frac{(4)+(1)R_{T2}}{(7)+(8)R_{T2}} + \frac{1}{B} \frac{(5)+(2)R_{T2}}{(7)+(8)R_{T2}}$$

Diese Gleichung nach U differenziert ergibt:

$$\frac{dR_{T1}}{dU} = \frac{d\left(\frac{U}{B I_{B1}}\right)}{dU} \frac{(4)+(1)R_{T2}}{(7)+(8)R_{T2}} + \frac{U}{B I_{B1}} \frac{(1)(7)-(4)(8)}{[(7)+(8)R_{T2}]^2} \frac{dR_{T2}}{dU} + \frac{1}{B} \frac{(2)(7)-(8)(5)}{[(7)+(8)R_{T2}]^2} \frac{dR_{T2}}{dU}$$

Durch Einführen der schon bekannten Beziehung

$$\frac{dR_{T2}}{dU} = \frac{dR_{T1}}{dU} \frac{(11)(18)-(12)(17)}{[(17)R_{T1}+(18)]^2}$$

folgt

$$\frac{dR_{T1}}{dU} = \frac{\frac{d\left(\frac{U}{B I_{B1}}\right)}{dU} \frac{(4)+(1)R_{T2}}{(7)+(8)R_{T2}}}{1 - \frac{U}{B I_{B1}} \frac{[(1)(7)-(4)(8)][(11)(18)-(12)(17)]}{[(7)+(8)R_{T2}]^2 [(17)R_{T1}+(18)]^2} - \frac{1}{B} \frac{[(2)(7)-(8)(5)][(11)(18)-(12)(17)]}{[(7)+(8)R_{T2}]^2 [(17)R_{T1}+(18)]^2}}$$

Der Faktor

$$1 - \frac{U}{B I_{B1}} \frac{[(1)(7)-(4)(8)][(11)(18)-(12)(17)]}{[(7)+(8)R_{T2}]^2 [(17)R_{T1}+(18)]^2} - \frac{1}{B} \frac{[(2)(7)-(8)(5)][(11)(18)-(12)(17)]}{[(7)+(8)R_{T2}]^2 [(17)R_{T1}+(18)]^2}$$

ist größer als Null. Ebenso der Faktor

$$\frac{(4)+(1)R_{T2}}{(7)+(8)R_{T2}}$$

Das Problem vereinfacht sich daher auf folgende Differentialgleichung:

$$\frac{d\left(\frac{U}{I_{B1}}\right)}{dU} = -|\varphi(U)|$$

Weiters gilt für alle denkbaren Werte

$$\frac{U}{I_{B1}} > 0$$

Die Funktion

$$\int |\varphi(U)| \, dU$$

muß daher für alle in Frage kommenden Werte kleiner als 0 sein. Eine Lösung dieser Integralungleichung ist sicher die Funktion

$$|\varphi(U)| = a U^{-n} \qquad \text{mit } n > 1 \quad \text{und} \quad a > 0$$

Für I_{B1} kann dann geschrieben werden

$$I_{B1} = b U^n \qquad \text{mit } b > 0$$

Weiters soll das Vorzeichen der Funktion

$$\frac{dI_{B1}}{dU}$$

untersucht werden. Durch Ausführung der Differentiation

$$\frac{d\left(\frac{U}{I_{B1}}\right)}{dU}$$

erhält man

$$\frac{dI_{B1}}{dU} = \frac{I_{B1} + I_{B1}^2 |\varphi(U)|}{U}$$

Der Differentialquotient ist somit für alle in Frage kommenden Werte größer als 0. Mit steigendem U muß auch der Strom I_{B1} steigen. Zusammenfassend kann gesagt werden: bei Berücksichtigung der Bedingungen

$$\int \varphi(U)\, dU \quad 0 \qquad\qquad I_{B1} = I_{B1}(R_{T2})$$

arbeitet der Schmitt-Trigger im U-Betrieb(a.b-b.b). Seine Funktionsweise kann analog Abb. 28 dargestellt werden (Abb. 31).

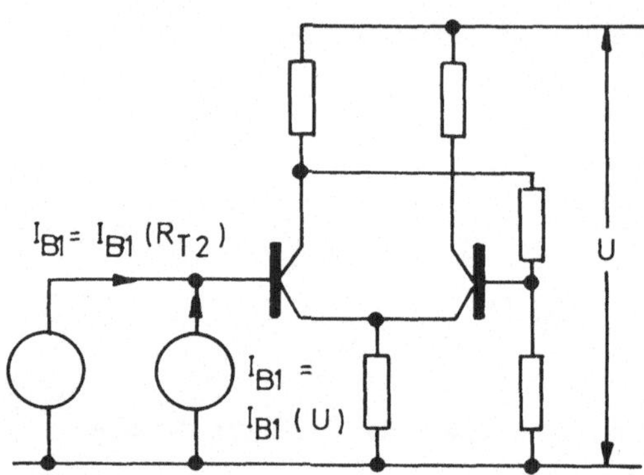

Abb. 31 Schematische Darstellung des U-Betriebes (a.b-b.b)

Der Leser wird sich an dieser Stelle fragen, wie es möglich ist, eine derart komplizierte Funktion zu realisieren. Die Funktion

$$I_{B1} = I_{B1}(U)$$

ist mit linearen Methoden nicht zu realisieren. Aber die im realen Transistor vorhandenen Nichtlinearitäten ermöglichen einen U-Betrieb.

Für den Fall a.a-b.a kann durch Einführen der Funktion

$$I_{B1} = I_{B1}(R_{T2})$$

ein Kippverhalten erreicht werden. Es ist dies der komplementäre Fall zum I_{B1}-Betrieb. Diese Betriebsart ist mathematisch viel einfacher zu verstehen, technisch aber unbrauchbar, da das Konstanthalten von I_{B1} aufwendig ist. Beim Stand der Technik wird der Entwickler daher mit dem I_{B1}-Betrieb und U a.b-b.b Betrieb konfrontiert werden.

4.2.2 VERHALTEN NACH ERFOLGTER SCHALTUNG

Die beiden technisch realisierbaren Schaltungen weisen eine Gemeinsamkeit auf: nach erfolgtem Schalten ist R_{T2} unendlich groß. In beiden Fällen besitzt R_{T1} nur eine partielle Stabilität bzw. eine partielle Instabilität. Beide Schalter sind nichtautonom, das heißt die jeweilige Eingangsgröße muß verändert werden, um einen Schaltvorgang einzuleiten.
Nach erfolgter Schaltung erhält man den Wert

$$R_{T2} = \infty \quad \text{bzw.} \quad I_{C2} = 0$$

Weiterhin muß berücksichtigt werden, daß I_{C2} nicht kleiner als Null werden kann. I_{B1} wird daher nach erfolgtem Schalten durch folgende Formel beschrieben:

$$I_{B1} = I_{B1M}(\infty) + \kappa(\infty)$$

Der Endzustand nach erfolgtem Schalten ist daher abhängig von der Funktion

$$\kappa(\infty)$$

Das ist eine wesentliche Feststellung, die bei der Besprechung der Hysterese eine große Rolle spielen wird. Schaltet der Trigger mit Mindestfunktion, so muß man annehmen, daß T2 gerade gesperrt ist, bei allen Funktionen, die größer als die Mindestfunktion sind dagegen eine Übersteuerung des Triggers auftritt. Der Beweis dieses Satzes kann auf verschiedene Weise erfolgen, die eleganteste Beweisführung ist jedoch die: man nimmt an, daß der obige Satz nicht gilt. Dann führt das Schalten mit Mindestfunktion zu einer Übersteuerung von T2 (Abb. 32).

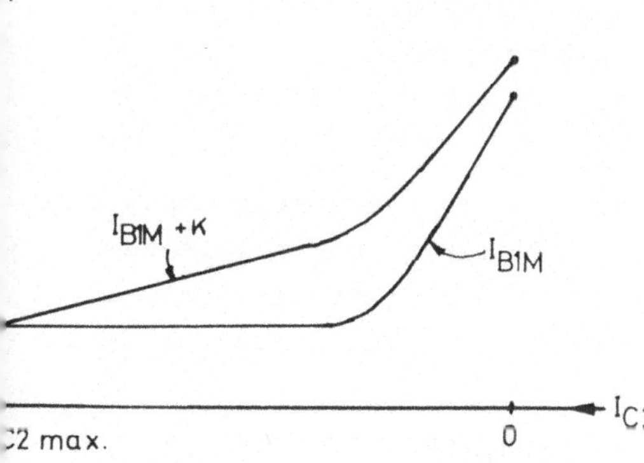

Für den Einschaltvorgang hätte die Annahme, daß das Schalten mit Mindestfunktion zu einer Übersteuerung führt, keine Folgen. Beim Abschalten hingegen wird die Eingangsgröße soweit abgesenkt, bis T2 gerade noch sperrt. Dieser Punkt liegt jedoch bereits unterhalb der Mindestfunktion. Unter Zuhilfenahme eines Satzes,

Abb. 32 Schematische Darstellung des Schaltvorgangs

der erst im nächsten Kapitel bewiesen wird, sind beim Zurückschalten dieselben Bedingungen notwendig wie beim ersten Schalten. Die Schaltung würde daher nicht als Trigger arbeiten. Das ist jedoch ein Widerspruch zur Definition des Triggers. Anders ausgedrückt: die Feststellung, daß die Mindestfunktion zu keiner Übersteuerung von T2 führt, ist eine elementare Eigenschaft des Triggers.

Die oben angeführte Feststellung wird in der Literatur meist anders abgeleitet. Dabei wird vom Begriff der Schleifenverstärkung [5] ausgegangen: ein System soll aus einem Verstärker mit dem Verstärkungsfaktor v bestehen und einer Rückkoppelungsschleife k (Abb. 33).

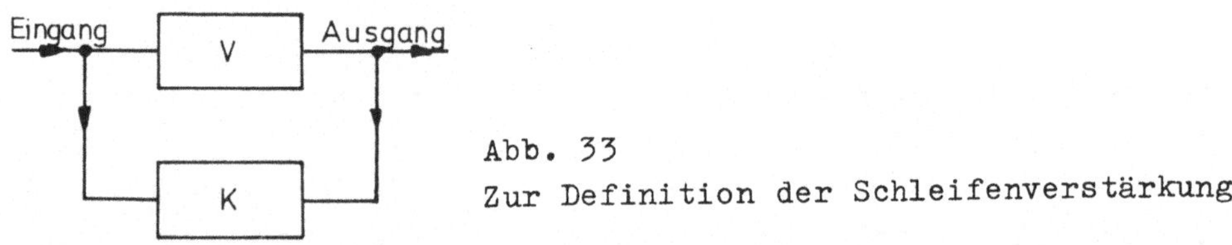

Abb. 33
Zur Definition der Schleifenverstärkung

Nach der von Nyquist [2] angegebenen Theorie ist das System dann instabil, wenn gilt

$$v \cdot k = v_S \geqq 1$$

v_S wird dabei als Schleifenverstärkung des Systems bezeichnet. Ist die Schleifenverstärkung gerade eins, so ist dies identisch mit der Aussage, daß der Schalter mit Mindestfunktion arbeitet. Die Ableitung der Beziehungen aus dieser Bedingung führt jedoch zu abstrakten mathematischen Formulierungen. Es wurde daher der umgekehrte Weg eingeschlagen: nämlich von den Elementen des Schalters aufbauend den Begriff der Schleifenverstärkung zu formulieren. Die direkte Methode bietet jedoch noch einen weiteren Vorteil: man erhält einfache Angaben für die Größe der Hysterese, wie später gezeigt wird.

Beim nichtautonomen Schalter ist die Schleifenverstärkung von der Eingangsgröße abhängig, beim autonomen hingegen gilt das nicht: die Schleifenverstärkung ist eine charakteristische Größe des Systems, sie kann von außen nicht beeinflußt werden. Aus der Gleichung

$$I_{C2} = U \frac{(17) R_{T1} + (18)}{(16) R_{T1} + (15)} + I_{B1} \frac{(19) R_{T1} + (20)}{(16) R_{T1} + (15)}$$

folgt für $I_{C2} = 0$ unter Vernachlässigung von $I_{B1} \cdot R_E$

$$R_4 R_{T1} = R_3 R_E$$

Das bedeutet, daß die aus den Widerständen R_3, R_4, R_{T1} und R_E gebildete Brücke abgestimmt sein muß (Abb. 34).

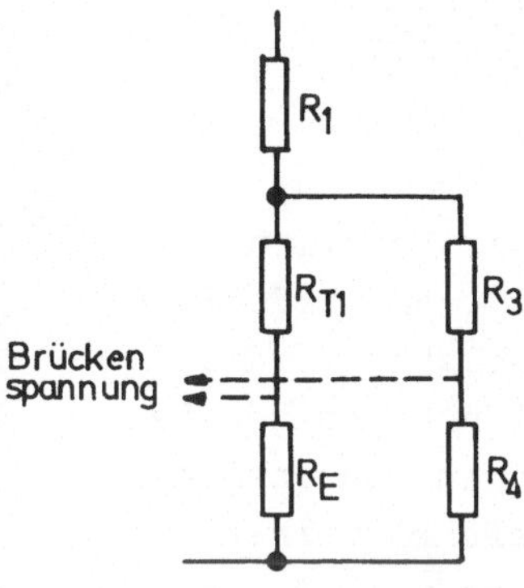

Abb. 34
Spannungsverhältnisse bei gesperrtem T2

Ist die Brückenspannung gleich 0, so entspricht das der Mindestfunktion. Die Berechnung der Übersteuerung erfolgt aus den beiden Beziehungen

$$R_4 R_{T1} = R_3 R_E \qquad R_{T1} = \frac{U}{B I_{B1}} \frac{(1)}{(8)} + \frac{1}{B} \frac{(9)}{(8)}$$

und lautet

$$\Psi(\infty) - I_{B1M}(\infty) = \Psi(\infty) - \frac{(1) R_4}{(8) R_3 R_E - \frac{1}{B} (9) R_4}$$

4.2.3 DAS SCHALTVERHALTEN BEI FALLENDEM I_{B1} BZW. FALLENDEM U

4.2.3.1 I_{B1}-BETRIEB

Aus dem vorigen Kapitel kann entnommen werden, daß nach erfolgtem Schalten R_{T2} sperrt. Für I_{C2} gilt rein formal

$$I_{C2} \leqq 0$$

Schaltet man mit Mindestfunktion, so gilt

$$I_{C2} = 0$$

Ist $I_{C2} \neq 0$, so muß, um ein Zurückkippen zu erzwingen, die Eingangsstromstärke I_{B1} soweit erniedrigt werden, bis I_{C2} rein formal 0 wird. Nun beginnt R_{T2} zu sinken. Ein Absinken von R_{T2} verursacht jedoch ein Absinken von R_{T1}. Es muß wieder eine Funktion

$$I_{B1} = I_{B1}(R_{T2})$$

gefordert werden, damit

$$\frac{dR_{T1}}{dR_{T2}} < 0$$

wird. Die Lösung wird wieder die Form

$$\Psi(R_{T2}) = I_{B1}(R_{T2}) + \kappa(R_{T2})$$

haben. Lediglich die Randbedingungen der Funktion

$$\kappa(R_{T2})$$

werden verschieden sein. Der Funktionswert für unendlich muß jetzt 0 sein. Bei steigender Spannung war der Funktionswert für R_R gleich 0. Ist diese Bedingung erfüllt, so wird ein Zurückkippen erfolgen. Jetzt ist auch die Beweiskette, die im vorigen Kapitel für den Endwert der Mindestfunktion gegeben wurde, geschlossen. Alle weiteren Überlegungen können analog den Überlegungen bei steigendem I_{B1} durchgeführt werden: Schaltet der Schalter mit Mindestfunktion, so wird R_{T2} tatsächlich und formal den Wert R_R erreichen. Schaltet man hingegen mit einer anderen Funktion als der Mindestfunktion, so wird formal der Wert

$$R_{T2} < R_R$$

erreicht werden. Für den I_{B1}-Betrieb sind somit vier Schaltpunkte charakteristisch (Abb. 35).

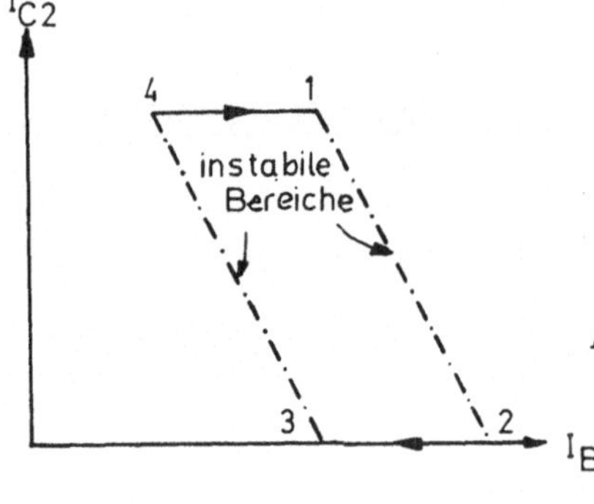

Bei Mindestfunktion fallen je zwei Schaltpunkte zusammen. Die Differenz 2-3 wird manchmal auch als Stromhysterese bezeichnet.

Abb. 35 Die vier charakteristischen Schaltpunkte beim I_{B1}-Betrieb

4.2.3.2 U-BETRIEB

Der Fall a.a-b.a ist komplementär zum I_{B1}-Betrieb, er kann daher analog behandelt werden. Die Beweise des vorigen Kapitels können direkt auf diesen Betriebsfall übertragen werden.

Beim Fall a.b-b.b hingegen ist T2 gesperrt. Bei fallendem U würde R_{T2} steigen und R_{T1} fallen. Da das aber nicht möglich ist, muß wieder eine Funktion

$$I_{B1} = I_{B1}(U)$$

gefordert werden, die zur Folge hat, daß R_{T2} mit fallendem U ebenfalls fällt. Diese Funktion ist bereits bekannt und wurde bei der Behandlung des U-Betriebes besprochen. Erreicht I_{C2} formal den Wert

$$I_{C2} = 0$$

beginnt der Kipprozeß, sofern wieder die Funktion

$$I_{B1} = I_{B1}(R_{T2})$$

vorhanden ist. Die Übersteuerung nach erfolgtem Schalten kann analog dem vorhergehenden Kapitel behandelt werden.

Auch bei dieser Betriebsart folgt, daß ein Trigger, der bei steigender Spannung schaltet, auch bei fallender Spannung schalten muß, sofern dieselben Voraussetzungen eingehalten werden. Das Schaltverhalten kann wiederum in einem Diagramm zusammengefaßt werden (Abb. 36).

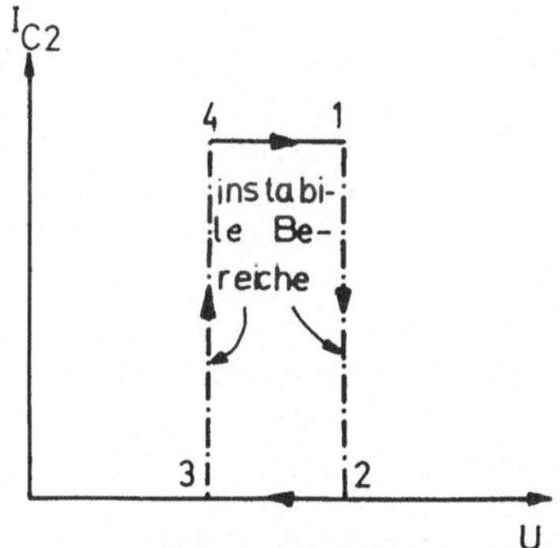

Abb. 36 Die vier charakteristischen Schaltpunkte beim U(ab-bb)-Betrieb

Man kann wiederum den Begriff der Hysterese für die Differenz 2-3 einführen.

4.2.4 MEHRFACHSCHALTUNGEN EINES EINZELNEN TRIGGERS

Bei einer einzigen Betriebsart gibt es nur zwei Schaltpunkte: einen bei steigender und einen bei fallender Eingangsgröße. Prinzipiell ist es jedoch möglich, mehrere Betriebsarten nacheinander ablaufen zu lassen. Diese technisch realisierbare Betriebsmöglichkeit wurde zwar noch nicht angewandt, soll aber als Anregung hier angeführt werden.

Ein Trigger soll vorerst nach Betriebsart a.a arbeiten. Bei einem bestimmten U-Wert wird der Schaltvorgang einsetzen. Nach Ablauf des Schaltvorganges liegt jedoch die Ausgangsposition für einen a.b-Betrieb vor. Gelingt es technisch die Funktion

$$I_{B1} = I_{B1}(U)$$

zu realisieren, so kann wiederum ein Schaltpunkt erreicht werden. Kann nun weiterhin die Funktion

$$I_{B1} = I_{B1} \cdot (R_{T2})$$

eingeführt werden, so erhält man einen weiteren Schaltpunkt. Dieser Prozeß kann beliebig oft fortgesetzt werden. In Abb. 36a ist diese Betriebsart schematisch dargestellt.

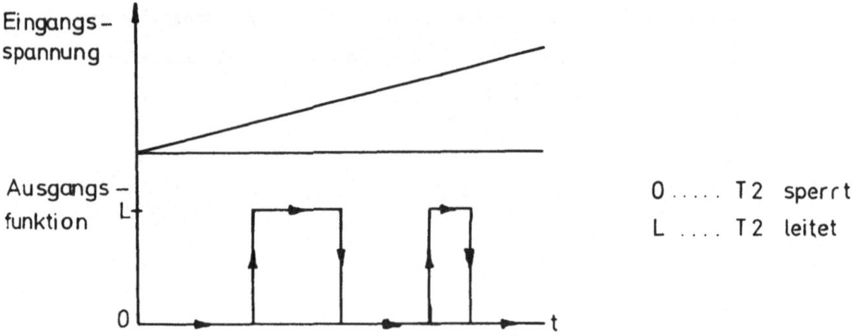

Abb. 36a Schematische Darstellung der Mehrfachschaltungen eines einzelnen Schmitt-Triggers

4.2.5 ZUSAMMENFASSUNG DER BETRIEBSARTEN DES SCHMITT-TRIGGERS

4.2.5.1 I_{B1}-BETRIEB

Bei dieser Betriebsart wird die Spannung U konstant gehalten, der Schaltvorgang wird durch die Veränderung des Eingangsstromes I_{B1} bewirkt. Ist der kritische Punkt erreicht, so kann der Schaltvorgang durch das Konstanthalten von I_{B1} nicht erzwungen werden. I_{B1} muß in Abhängigkeit von R_{T2} verändert werden.

$$I_{B1} = I_{B1} \cdot (R_{T2})$$

Bei fallendem I_{B1} nach erfolgtem Schalten muß dieselbe Bedingung eingehalten werden.

4.2.5.2 U-a BETRIEB

Um übersichtlichere Bezeichnungen einzuführen, werden die Fälle a.a-b.a mit der Bezeichnung a zusammengefaßt. Ebenso werden die Betriebsarten a.b-b.b unter dem Buchstaben b zusammengefaßt.

Bei dieser Betriebsart bleibt vorerst I_{B1} konstant. I_{B1} wird so gewählt, daß T2 bei niedrigen Spannungswerten gesperrt bleibt. Durch Vergrößern der Spannung U wird ein kritischer Punkt erreicht.
Das Schalten erfolgt unter folgender Bedingung

$$I_{B1} = I_{B1}(R_{T2})$$

Nach erfolgtem Schalten wird I_{B1} wieder konstant gehalten. Durch Absinken von U ergibt sich wieder ein kritischer Punkt, bei dem durch dieselbe Änderung von I_{B1} ein Schaltvorgang erzwungen werden kann.

4.2.5.3 U-b BETRIEB

Bei niedrigen Werten von U ist T2 durchgeschaltet. Um einen kritischen Punkt zu erreichen, muß I_{B1} mit U verändert werden:

$$I_{B1} = I_{B1}(U)$$

Außerdem muß wiederum die bekannte Funktion

$$I_{B1} = I_{B1}(R_{T2})$$

im Moment des Einschaltens wirksam werden. Bei fallender Spannung müssen wieder dieselben Bedingungen gelten, um einen Schaltvorgang zu erzwingen.

Die einzelnen Betriebsarten sind in Tabelle 1 zusammengestellt.

Tabelle 1 : Die drei verschiedenen Betriebsarten des Schmitt-Triggers

Betriebsart	Konstante Größen	Primär veränderliche Größen	Notwendige Veränderungen als Folge der primären Veränderungen mit Ausnahme des Schaltvorgangs	Veränderliche Größen beim Schaltvorgang
I_{B1}-Betrieb	U	I_{B1}	-	$I_{B1}=I_{B1}$ (R_{T2})
U_a-Betrieb	I_{B1}	U	-	$I_{B1}=I_{B1}$ (R_{T2})
Ub-Betrieb	-	U	$I_{B1}=I_{B1}$ (U)	$I_{B1}=I_{B1}$ (R_{T2})

4.3 BEISPIELE FÜR DIE PRAKTISCHE DURCHFÜHRUNG DER FUNKTION $I_{B1}=I_{B1}$ (R_{T2}) und $I_{B1}=I_{B1}$ (U)

4.3.1 BEISPIEL FÜR DIE DURCHFÜHRUNG DER FUNKTION $I_{B1}=I_{B1}(R_{T2})$

Wie schon erwähnt wurde, kann beim I_{B1}-Betrieb anstelle des Eingangsstromes I_{B1} eine Eingangsspannung U verwendet werden (Abb. 37).

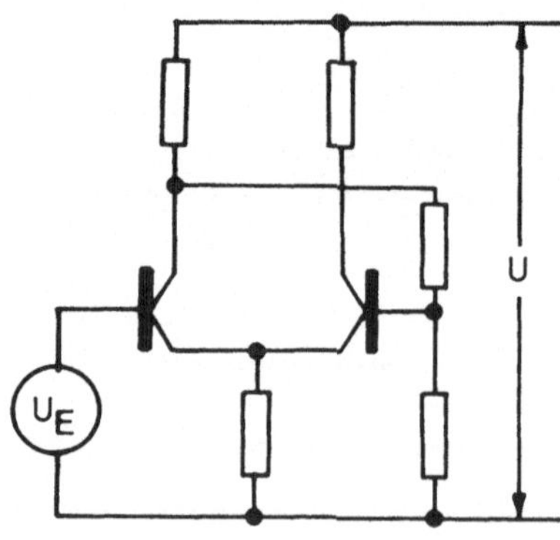

Abb. 37 Schmitt-Trigger mit zwei Spannungen

Die Spannung U_E wird von Null beginnend erhöht. Zur Vereinfachung soll angenommen werden, daß U_E eine ideale Spannungsquelle mit dem Innenwiderstand 0 darstellt. Das entspricht in manchen Fällen der Praxis, da oft der Innenwiderstand von U_E klein gegenüber dem Eingangswiderstand des Triggers ist. Beim I_{B1}-Betrieb wird U nicht verändert. Bei U_E=0 leitet T2. Mit steigender Spannung nimmt der Basisstrom zu, solange, bis der kritische Punkt erreicht ist. Das ist dann der Fall, wenn R_{T2} formal den Wert R_R erreicht hat. Bei weiterer Erhöhung der Eingangsspannung sinkt I_{C2} und der Spannungsabfall am Emitterwiderstand wird geringer. Das bedeutet aber eine Verringerung des Eingangswiderstandes, so daß I_{B1} wächst. Dadurch sinkt wiederum der Spannungsabfall am Eingangswiderstand usw. Während des Schaltprozesses ändert sich I_{B1} mit R_{T2}.

Die Berechnung des Eingangsstromes erfolgt nach Abb. 38. Der Basisstrom von T1 setzt erst ein, wenn U_E größer als der Spannungsabfall am Emitterwiderstand ist. Diese Feststellung gilt nur für einen idealisierten Transistor. Für einen realen Transistor muß außerdem noch die Spannung zwischen Basis und Emitter einen gewissen Mindestbetrag überschreiten, damit ein Kollektorstrom fließt.

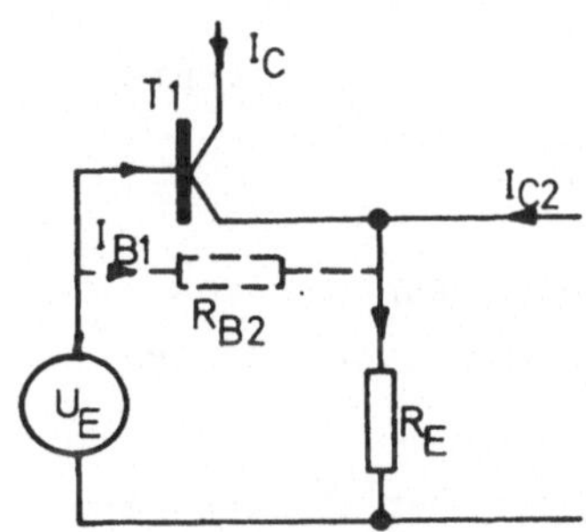

Abb. 38 Berechnung des Eingangsstromes beim idealisierten Transistor

Es gilt

$$I_{B1} = \frac{U_E - I_{C2} R_E}{R_{B2} + R_E + B R_E}$$

Die Bedeutung des Emitterwiderstandes geht aus dieser Beziehung hervor: wählt man R_E groß, so wird eine entsprechend hohe Eingangsspannung benötigt, um den kritischen Punkt zu erreichen. Ist R_E hingegen niedrig, so wird der Trigger empfindlicher sein und schon bei niedrigen Spannungswerten den kritischen Punkt erreichen.

Eine Tatsache soll hier noch festgehalten werden: gibt es im I_{B1}-Betrieb einen kritischen Punkt, so kann der kritische

Punkt mit der Eingangsspannung U_E erreicht werden. Der Beweis folgt sofort aus obiger Gleichung. Nach Erreichen bzw. Überschreiten des kritischen Punktes soll U_E festgehalten werden und die Funktion

$$I_{B1} = I_{B1}(R_{T2})$$

untersucht werden. Diese Funktion ist jedoch nicht ohne weiteres aus Abb. 38 zu berechnen. Man wird daher folgendermaßen vorgehen: anstelle der Funktion

$$I_{B1} = I_{B1}(R_{T2})$$

wird die Funktion

$$I_{B1} = I_{B1}(I_{C2})$$

berechnet. R_{T1} kann dann aus der Beziehung

$$I_{C2} = U\frac{(17)R_{T1} + (18)}{(16)R_{T1} + (15)} + I_{B1}\frac{(19)R_{T1} + (20)}{(16)R_{T1} + (15)}$$

berechnet werden. Dieser Weg soll jedoch für die weitere Beweisführung nicht beschritten werden.

Der kritische Punkt U_{EK}, bei dem ein Kippen eintreten könnte, ist von der Spannung U abhängig:

$$U_{EK} = I_{B1S}(U)(R_{B2} + R_E + BR_E) + I_{C2}(U)R_E$$

In Abb. 39 ist die Abhängigkeit des kritischen Punktes von der Spannung U für einen bestimmten Trigger graphisch dargestellt. Man vergleiche dazu auch Abb. 27.

Nach Erreichen des kritischen Punktes kann für den Kollektorstrom von T2 vereinfacht geschrieben werden:

$$I_{C2} = U\frac{(17)R_{T1} + (18)}{(16)R_{T1} + (15)}$$

Ebenso gilt für R_{T1}

$$R_{T1} = \frac{U}{BI_{B1}}\frac{(1)R_{T2} + (4)}{(8)R_{T2} + (7)} + \frac{(2)R_{T2} + (5)}{(8)R_{T2} + (7)}$$

Die für das Schalten verantwortliche Funktion

$$K = K(R_{T2})$$

lautet

$$K = \frac{U_{EK} - I_{C2}R_E}{R_{B2} + R_E + BR_E} - C\frac{(1)(8)R_{T2} + (4)(8)}{(1)(8)R_{T2} + (1)(7)}$$

Die Funktion ist wieder für den bestimmten Schmitt-Trigger in Abb. 40 berechnet. Um einen Schaltvorgang zu erzwingen, muß

$$K(R_{T2})$$

die in Kapitel 4.2 aufgestellten Bedingungen erfüllen.

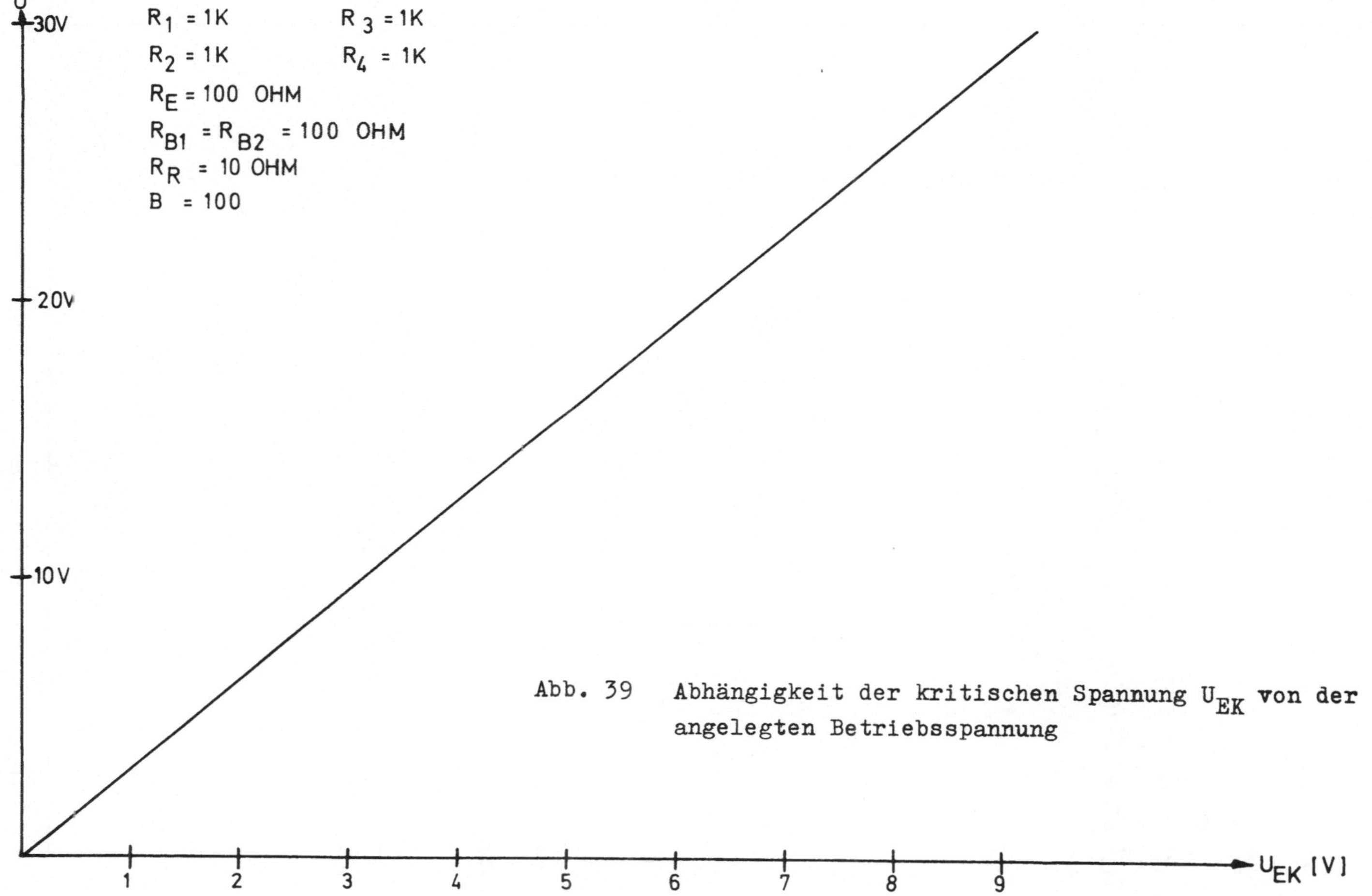

Abb. 39 Abhängigkeit der kritischen Spannung U_{EK} von der angelegten Betriebsspannung

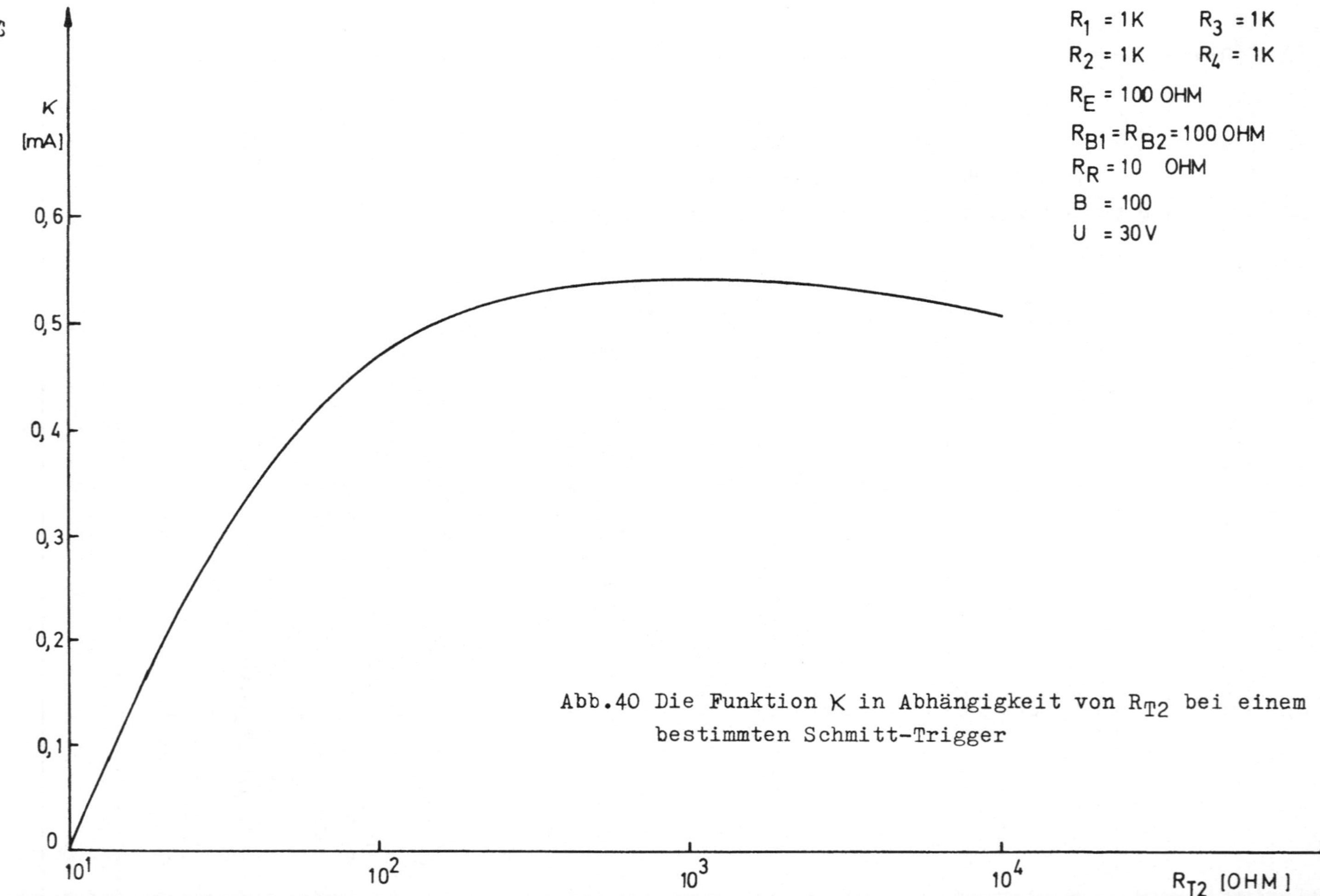

Abb.40 Die Funktion K in Abhängigkeit von R_{T2} bei einem bestimmten Schmitt-Trigger

Es muß gelten:

$$\frac{U_{EK}}{R_{B2}+R_E+BR_E} > \frac{I_{C2}R_E}{R_{B2}+R_E+BR_E} + C\frac{(1)(8)R_{T2}+(4)(8)}{(1)(8)R_{T2}+(1)(7)}$$

Die dabei auftretenden Funktionen lassen sich folgendermaßen berechnen:

$$I_{C2} = U\frac{(17)(12)-(11)(18)}{(16)(12)-(11)(15)+R_{T2}[(15)(17)-(16)(18)]}$$

$$U_{EK} = I_{B1S}(R_E+R_{B1}+BR_E)+I_{C2}(R_R)R_E \qquad I_{B1S} = AU$$

Obige Formeln wurden unter Verwendung folgender Vereinfachung erhalten:

$$I_{C2} = U\frac{(17)R_{T1}+(18)}{(16)R_{T1}+(15)}$$

Nun gibt es zwei Möglichkeiten:

a) Die Bedingung ist für alle denkbaren Möglichkeiten erfüllt.

b) Die Bedingung ist nicht immer erfüllt. Dann stellt obige Ungleichung eine echte Schaltbedingung dar. Der Trigger schaltet dann und nur dann, wenn für alle möglichen Werte von R_{T2} gilt:

$$K(R_{T2}) > 0$$

Um zu zeigen, daß Möglichkeit b) gilt, können mehrere Wege beschritten werden: Man kann sich auf die Praxis berufen und demonstrieren, daß nicht alle Schaltungen, die wie Schmitt-Trigger aufgebaut sind, als Schmitt-Trigger arbeiten.

Man kann jedoch noch einen anderen Weg gehen: Ausgangspunkt ist ein Schmitt-Trigger mit relativ hohem R 2. R2 soll so ausgelegt sein, daß eine Änderung von I_{C2} keine Änderung des Spannungsabfalls am Emitterwiderstand R_E bewirkt, beziehungsweise nur eine vernachlässigbare Änderung. Dann wird sich I_{B1} während des Schaltvorgangs beliebig wenig ändern, ein Kippprozeß ist dadurch unmöglich. Man hat es daher mit einer echten Schaltbedingung zu tun.

4.3.2 METHODE DER DIREKTEN BERECHNUNG EINES SCHMITT-TRIGGERS

Für den Praktiker stellt sich die Frage, wie man aus den gegebenen Forderungen einen Trigger berechnen kann. Dabei bieten sich zwei Rechenmethoden an: die direkte, oder auch numerische Methode und die analoge. Beide Rechenmethoden sind grundverschieden. Während bei der direkten Methode die in den vorhergehenden Kapiteln angegebenen Formeln nach einem bestimmten Programm durchgerechnet werden, wird bei der analogen Methode ein Modell konstruiert, das in seinem mathematischem Verhalten dem Trigger entspricht und die einzelnen Reaktionen des Modells werden beobachtet. Ein solches Modell eignet sich sehr gut für die Beobachtung des Schaltverhaltens und der Hysterese und soll in einem späteren Kapitel ausführlich behandelt werden. Die direkte Methode ist in Tabelle 2 dargestellt:

Die Größen

$$B \quad R_{B1} \quad R_{B2} \quad R_R$$

sind vom verwendeten Transistortyp abhängig. Sie können als gegeben angenommen werden. Weiterhin ist der Schaltpunkt

$$U_{EK}$$

vorgegeben und in der Praxis meist auch die Betriebsspannung U festgelegt. Die Widerstände

$$R_1, R_2, R_3, R_4, R_E$$

hingegen können in einem weiten Bereich frei gewählt werden. Der Bereich wird nach unten hin durch die Festlegung der maximalen Verlustleistung begrenzt. Es wird dann je ein Wert für die Widerstände

$$R_1, R_2, R_3, R_4, R_E$$

herausgegriffen und nach der Formel

$$U_{EK} = I_{B1S}\,(R_E + R_{B1} + BR_E) + I_{C2}(R_R)R_E$$

(siehe Kapitel 4.3.1 und 4.2.1.1 Abb. 27)

der Wert für U_{EK} berechnet. Stimmt dieser Wert mit dem geforderten Wert von U_{EK} überein, so können die Widerstände R_1, R_2, R_3, R_4 für die weitere Berechnung verwendet werden.

Ist das hingegen nicht der Fall, so müssen neue Werte gesucht werden. Der nächste Rechenschritt ist die Feststellung, ob der Eingangsstrom

$$I_{B1S} = I_{KR}$$

Tabelle 2: Schema zur Berechnung eines Schmitt-Triggers

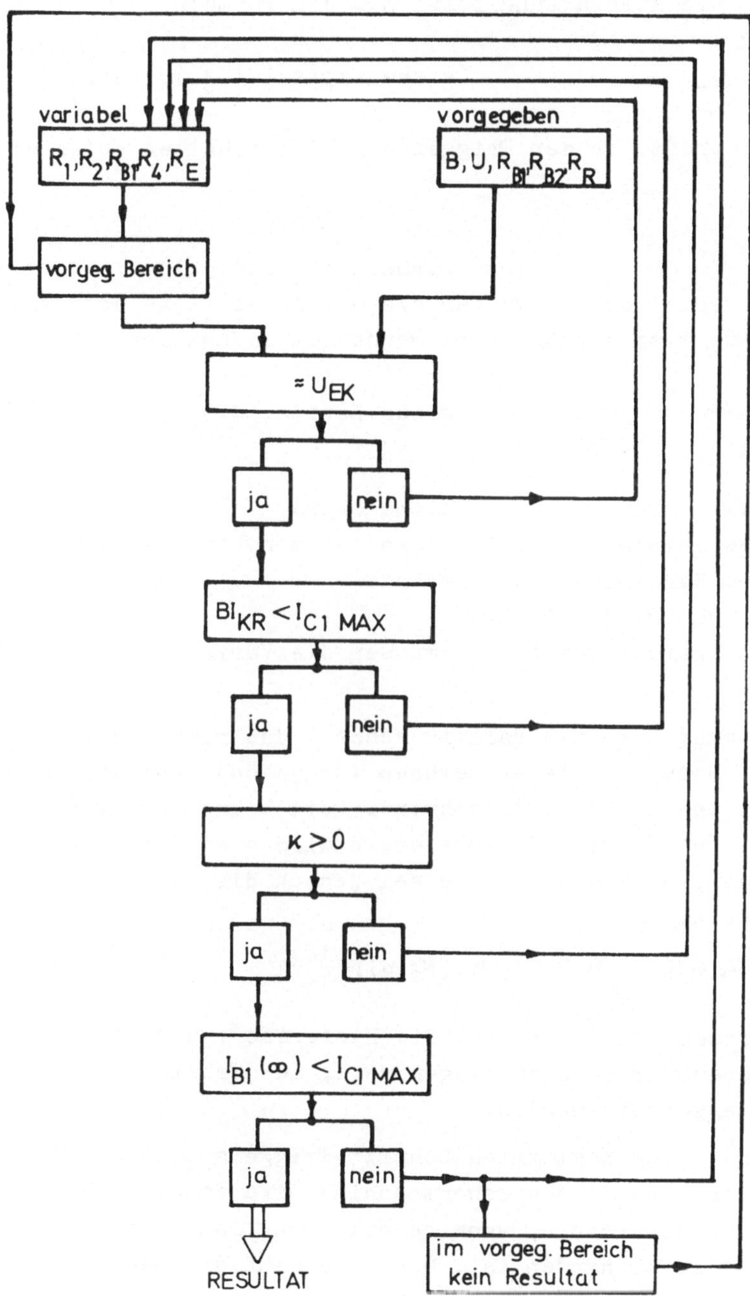

beim kritischen Punkt noch unterhalb des Sättigungsbereichs von T1 liegt. Die Abschätzung folgt aus den Formeln

$$I_{B1S} = AU$$

$$I_{C1MAX} \approx \frac{U}{R_1} \qquad \text{(siehe Kapitel 4.2.1.1 Abb.27)}$$

Danach wird geprüft, ob der Trigger ein Kippverhalten aufweist.

Die Funktion

$$\kappa(R_{T2}) \qquad \text{(siehe Kapitel 4.3.1)}$$

muß für alle Werte von R_{T2} größer als 0 sein. Ist das der Fall, kann der letzte Test durchgeführt werden. Die Funktion

$$B[I_{B1M}(\infty) + \kappa(\infty)] \qquad \text{(siehe Kapitel 4.3.1)}$$

muß kleiner als

$$I_{C1MAX} \qquad \text{(siehe oben)}$$

sein. Ist dies ebenfalls der Fall, so ist man bereits am Ziel. Kann im ganzen Bereich der Widerstände

$$R_1, R_2, R_3, R_4, R_E$$

kein Resultat erzielt werden, so müssen die Variabeln verändert werden.

Mit einiger Übung kann man relativ schnell das richtige Ergebnis erhalten. Nachteil dieser Methode ist jedoch, daß über den Schaltverlauf und die Schaltgeschwindigkeit keine Aussagen gemacht werden. Der Begriff der Hysterese wird erst später besprochen werden, an dieser Stelle sei jedoch die Näherungsformel angegeben:

$$U_{E1} - U_{E2} = [R_{B2} + R_E(1 + B)][AU - I_{B1}(R_{T2} \infty)] - \frac{U}{R_2} R_E$$

Will man außerdem erreichen, daß die Hysterese innerhalb eines vorgegebenen Bereiches liegen soll, muß Tabelle 2 entsprechend erweitert werden.

Die Berechnung eines bestimmten Schmitt-Triggers mit dem Rechenstab oder einer Tischrechenmaschine wird dann rasch durchgeführt werden können, wenn bereits praktische Erfahrung in der Berechnung vorhanden ist. Man wird dann die Zahl der möglichen Fälle abgrenzen können und rasch zu einem Ergebnis kommen. Die Rechenarbeit kann aber auch mit Hilfe eines

Computers durchgeführt werden. Ein entsprechendes Rechenschema ist in Tab. 3 zusammengestellt. Die Maschinensprache ist FORTRAN IV.

Die vorgegebenen Größen sind:

B = 100

$R_{B1} = R_{B2}$ = 100 Ohm

U = 30 Volt

R_R = 10 Ohm

Es soll ein Schalter berechnet werden, dessen Schaltspannung bei 1 Volt liegt:

U_{EK} = 1 V

Nach der Eingabe der vorgegebenen Größen folgen die variablen Größen und der Variationsbereich.

Danach erfolgt die Berechnung der Größen (1), (2) usw. Für (1) steht im Programm AA, für (2) AB usw. Diese Formeln können in Klarschrift geschrieben werden und sind daher leicht zu erkennen. Das Zeichen

$$R_1 * R_2$$

bedeutet, daß R_1 mit R_2 multipliziert wird.

Tabelle 3: FORTRAN IV Programm zur Berechnung eines Schmitt-Triggers, dessen Schaltpunkt zwischen 1,1 und 0,9 Volt liegt. Das Programm ist so aufgestellt, daß nur ein einziges Resultat ausgedruckt wird. Alle übrigen möglichen Resultate werden nicht berücksichtigt.

Die Dimensionierung des Schmitt-Triggers lautet:

R_1 = 1 kOhm

R_2 = 1 kOhm

R_3 =21 kOhm

R_4 = 1 kOhm

R_E =31 Ohm

UEKR (berechneter Schaltpunkt) = 0,97 Volt

```
VORGEGBENE GROESSEN
---------------------------------------------------------------------
B=100.
RB1=100.
RB2=100.
UEK=1.
U=30.
RR=10.

VARIABLE GROESSEN
---------------------------------------------------------------------
DO 1 I=1000,21000,20000
R1=I
DO 1 J=1000,21000,20000
R2=J
DO 1 K=1000,21000,20000
R3=K
DO 1 L=1000,21000,20000
R4=L
DO 1 M=1,51,10
RE=M


 BERECHNUNG DER GROESSEN (1),(2),....USW.
 --------------------------------------------------------------------
 AA=-((R3*R4)+(R3*RB2)+(R4*RB2)+(R3*R4))
 AB=(R1*R3*R4)+(R3*R4*RE)+(R1*RB2*RE)+(R3*RB2*RE)+(R4*RB2*RE)+(R1*
1R3*RB2)+(R1*R4*RB2)+(R1*R3*RE)
 AC=-((R3*R4*RE)+(R1*RB2*RE)+(R3*R4*RB2)+(RB2*R4*RE))
 AD=(RE*RB2*R1)-(R2*R3*R4)-(R2*R3*RB2)-(R2*R4*RB2)-(R2*R3*RE)
 AE=R1*R2*R3*R4+R2*R3*R4*RE+R1*R2*RB2*RE+R2*R3*RB2*RE+R2*R4*RB2*RE
1+R1*R2*R3*RB2+R1*R2*R4*RB2+R1*R2*R3*RE+R1*R3*R4*RE+R1*R3*RB2*RE+R
21*R4*RB2*RE
 AF=-((R2*R3*R4*RE)+(R1*R2*RB2*RE)+(R2*R3*RE*RB2)+(R2*RB2*R4*RE)+(
12.*R3*R4*(RE**2))+(2.*R1*RB2*(RE**2))+(2.*R3*RB2*(RE**2))+(2.*RB2
2*R4*(RE**2)))
 AG=-((R1*R2*RB2)+(R1*R2*RE)+(R2*R3*RB2)+(R2*R3*RE)+(R2*R4*RB2)+(R
12*R4*RE)+(R1*R2*R4)+(R2*R3*R4)+(R1*RE*RB2)+(R3*RE*RB2)+(R4*RB2*RE
2)+(R1*R4*RE)+(R3*R4*RE))
 AH=-((R1*RB2)+(R1*RE)+(R3*RB2)+(R3*RE)+(R4*RB2)+(R4*RE)+(R1*R4)+(
1R3*R4))
 AI=(AB*B)+AC
 AJ=(AE*B)+AF
 AK=((R1*RB2)/B)+((R3*RB2)/B)+((R4*RB2)/B)-(R2*R4)+((R1*R4)/B)+((R
13*R4)/B)+(R3*RE)+((R3*RE)/B)+(R1*RE)+((R1*RE)/B)
 AL=(R2*R3*RE)+((R1*R3*R4)/B)+(R1*R3*RE)+((R1*R3*RE)/B)+((R1*R3*RB
12)/B)+((R1*R4*RB2)/B)+((R1*RB2*RE)/B)
 AM=(R1*R2*R3*RE)-((R1*R3*R4*RE)/B)-((R1*R3*RB2*RE)/B)-((R1*R4*RB2
1*RE)/B)
 AN=(R1*R2*RE)+(R2*R3*RE)+(R2*R4*RE)-((R1*RB2*RE)/B)-((R3*RB2*RE)/
1B)-((R4*RB2*RE)/B)-((R1*R4*RE)/B)-((R3*R4*RE)/B)
 AO=((R1*RB2*RE)/B)+((R3*RB2*RE)/B)+((R4*RB2*RE)/B)+((R1*R3*R4)/B)
1+(R1*R3*RE)+((R1*R3*RB2)/B)+((R1*R4*RB2)/B)+((R3*R4*RE)/B)+((R1*
2R3*RE)/B)
 AP=(R1*RE)+((R1*RB2)/B)+((R1*RE)/B)+(R3*RE)+((R3*RB2)/B)+((R3*RE)
1/B)+(R4*RE)+((R4*RB2)/B)+((R4*RE)/B)+((R1*R4)/B)+((R3*R4)/B)
 AQ=R4
 AR=-(R3*RE)
```

```
AS=-((R1*RE)+(R3*RE)+(R4*RE))
AT=-(R1*R3*RE)
AU=(AR*RR)-AL
AV=(AT*RR)-AM
AW=AK-(AQ*RR)
AX=AN-(AS*RR)
AY=((AD+(AA*RR))/(AG+(AH*RR)))/B
AZ=(((AI*RR)+AJ)/(AG+(AH*RR)))/B

BERECHNUNG VON A
-------------------------------------------------------------------
BA=AW*AY
BB=(AW*AZ)+(AX*AY)-AU
BC=(AX*AZ)-AV
BD=-(BB/(2.*BC))+SQRT((BB**2)/(4.*(BC**2))-(BA/BC))
BE=-(BB/(2.*BC))-SQRT((BB**2)/(4.*(BC**2))-(BA/BC))
IF(BE)6,6,7
IF(BD)8,8,9
GO TO 1
A=BE
GO TO 16
A=BD

TEST 1: SCHALTSPANNUNGSVERGLEICH
-------------------------------------------------------------------
REAL*8 IC2R
IC2R=U/R2
UEKR=((A*U)*(RE+RB1+(B*RE)))+(IC2R*RE)
IF(1.1-UEKR)1,10,10
IF(0.9-UEKR)11,11,1

TEST2:KOLLEKTORSTROM WIRD NICHT UEBERSCHRITTEN
-------------------------------------------------------------------
BIKR=A*(U*B)
REAL*8 IC1M
IC1M=U/R1
IF(IC1M-BIKR)1,1,12

TEST 3: KAPPA GROESSER ODER GLEICH 0
-------------------------------------------------------------------
DO 14 N=1000,11000,1000
RT2=N
REAL*8 IC2
IC2=U*(((AQ*AL)-(AK*AR))/((AP*AL)-(AK*AO)+(RT2*((AO*AQ)-(AP*AR)))
1))
BF=(UEKR-(IC2*RE))/(RB2+RE+(B*RE))
BG=(((AA*AH)*RR)+(AH*AD))/(((AA*AH)*RR)+(AA*AG))
BH=(A*U)/BG
BI=(((AA*AH)*RT2)+(AH*AD))/(((AA*AH)*RT2)+(AA*AG))
BJ=BF-(BH*BI)
IF(BJ)1,17,17
IF(RT2-10001.)14,18,18
CONTINUE

TEST 4: KOLLEKTORSTROM WIRD NICHT UEBERSCHRITTEN
-------------------------------------------------------------------
BK=(UEKR/(RB2+RE+(B*RE)))*B
BL=1.1*IC1M-BK
```

```
      IF(BL)1,15,15
    1 CONTINUE
   15 WRITE(6,30)R1,R2,R3,R4,RE,UEKR
   30 FORMAT(6E18.6)
      RETURN
      END
```

RESULTATE:

```
0.100000E 04      0.100000E 04      0.210000E 05

0.100000E 04      0.310000E 02      0.973692E 00
```

Ist A bestimmt, wird untersucht, ob der Trigger bei der geforderten Spannung schaltet. Die berechnete Schaltspannung wird mit UEKR im Programm bezeichnet. Als Resultat wird jedoch in den seltensten Fällen 1 Volt herauskommen. Man wird daher einen Bereich definieren, der um 1 Volt liegt und, falls UEKR in diesem Bereich liegt, wird man von einer möglichen Lösung sprechen. Bei der relativ geringen Variationsmöglichkeit der veränderlichen Widerstände beinhaltet der Bereich ± 10 % Abweichung. Das Spannungsfenster, durch das UEKR treffen muß, liegt somit zwischen 0,9 und 1,1 Volt (Abb. 41):

Trifft ein Spannungswert durch dieses Fenster, so spricht man von einem "Fit" (Übersetzung etwa: es paßt).

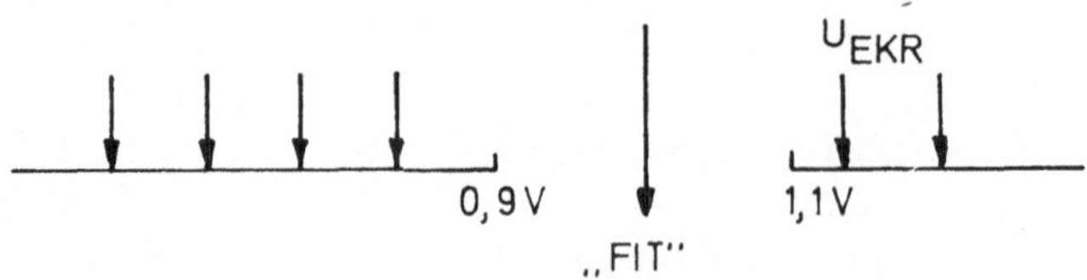

Abb. 41 Darstellung des Fensterdurchgangs

Im nächsten Rechenabschnitt wird untersucht, ob der mit B multiplizierte Strom I_{B1} im Schaltpunkt nicht größer als der maximal zulässige Kollektorstrom von T1 ist. Diese Bedingung berücksichtigt die Tatsache, daß es nicht möglich ist, den

Sättigungswiderstand eines Transistors zu überschreiten. Ist das nicht der Fall, kann die Rechnung weiter durchgeführt werden.

Im nächsten Rechenabschnitt wird untersucht, ob die Funktion

$$\kappa > 0 \quad \text{oder gleich} \quad 0$$

für alle Werte ist. Da dieser Test nicht mit allen Werten von R_{T2} durchgeführt werden kann, beschränkt man sich auf zehn: R_{T2} wird von 1 kOhm beginnend um je 1 kOhm bis 11 kOhm erhöht. Dieser Bereich reicht aus, um festzustellen, ob der Schalter überhaupt kippfähig ist.

Die Größe

$$\kappa\,(R_{T2})$$

ist im Rechnerprogramm BJ.

Ist BJ in allen Fällen positiv, geht die Rechnung bei 17 weiter. Ist ein Wert davon negativ, wird der DO-Befehl unterbrochen und die Rechnung beginnt bei 1.

Bei 18 wird noch untersucht, ob der mit B multiplizierte Basisstrom von T1 größer als der höchstzulässige Kollektorstrom ist. Bei der Rechnung wurde angenommen, daß der Innenwiderstand der Spannungsquelle null ist. Da das in der Praxis nicht der Fall ist, wird man den höchstzulässigen Kollektorstrom um etwa 10 % höher annehmen, als er tatsächlich ist. IC1M wird daher im Programm mit dem Faktor 1,1 multipliziert und danach der mit B multiplizierte Basisstrom abgezogen. Ist diese Bedingung ebenfalls erfüllt, so entspricht die Widerstandskombination den gestellten Anforderungen und es folgt ein Schreibbefehl.

Die Resultate lauten:

R_1 = 1 kOhm
R_2 = 1 kOhm
R_3 = 21 kOhm
R_4 = 1 kOhm
R_E = 31 Ohm

Die berechnete Schaltspannung liegt bei 0,97 Volt.

Die Rechenzeit liegt bei den vorliegenden Angaben in der Größenordnung von einigen Sekunden. Erhöht man die Zahl der Variationsmöglichkeiten, so wird die Rechenzeit sehr lange und diese Methode daher unrationell. Bei entsprechend umfangreicher Variation der Größen können die Rechenzeiten im Bereich von Minuten liegen, bevor ein "FIT" erzielt wird.

Nachdem man weiß, daß im vorgegebenen Variationsbereich ein FIT liegen muß, kann man die Variationsmöglichkeiten bei gleichem Programm erhöhen:

```
VARIABLE GROESSEN
------------------------------------------
DO 1 I=1000,50000,1000
R1=I
DO 1 J=1000,50000,1000
R2=J
DO 1 K=1000,50000,1000
R3=K
DO 1 L=1000,50000,1000
R4=L
DO 1 M=1,51,10
RE=M
```

Tabelle 4 Vergrößerung der Variationsmöglichkeit bei einem Programm nach Tabelle 3

Als Resultate erhält man:

R_1 = 1 kOhm; U_{EKR} = 1,05 V

R_2 = 1 kOhm

R_3 = 18 kOhm

R_4 = 1 kOhm

R_E = 31 Ohm

Dieser FIT entspricht nicht dem FIT aus Tabelle 3.
Es empfiehlt sich, mit Hilfe eines kurzen Programms zuerst die Lage der FIT's zu untersuchen. Dazu macht man beim ersten Durchgang das Spannungsfenster extrem weit auf, im vorliegenden Fall etwa im Bereich zwischen 0,5 und 2 Volt. Innerhalb weniger Sekunden weiß man dann, ob im vorgegebenen Bereich ein FIT liegt. Danach ist es möglich, die Eingangsbedingungen entsprechend abzugrenzen und das Fenster weiter zuzumachen. Diese Methode kann in mehreren Stufen durchgeführt werden, solange, bis das Fenster entsprechend eng ist. Es soll an dieser Stelle noch erwähnt werden, daß es bestimmte Maschinenbefehle gibt,

die veranlassen, daß das Gerät, das die Übersetzung des auf Lochkarten geschriebenen Programms für den Rechner durchführt, selbständig Vereinfachungen angibt. So werden alle Berechnungen, die in einer DO-Schleife stehen, aber nicht variiert werden, vor die DO-Schleife gezogen. Mit Hilfe eines solchen Optimierungsbefehls kann die Rechenzeit verkürzt werden, die Übersetzungszeit steigt jedoch.

Das in Tabelle 3 aufgestellte Programm liefert nur einen einzigen FIT, das heißt nur eine einzige Widerstandskombination, die die Bedingungen erfüllt. Manchmal wird es jedoch recht nützlich sein, mehrere oder alle möglichen Lösungskombinationen zu kennen. Für diesen Zweck genügt eine einfache Änderung des Programms: Der Schreibbefehl wird in die DO-Schleife gezogen (Tab. 5).

```
   IF(BL)1,15,15
15 WRITE(6,30)R1,R2,R3,R4,RE,UEKR
30 FORMAT(6E18.6)
 1 CONTINUE
   RETURN
   END
```

Tabelle 5 Programmänderung zur Berechnung aller FIT's

Eine Tabelle aller möglichen FIT's gibt wertvolle Aufschlüsse über die endgültige Dimensionierung eines Triggers. Im vorliegenden Fall liegt der Emitterwiderstand bei allen FIT's zwischen 31 und 51 Ohm. Will man den Emitterwiderstand aus irgendeinem Grund unter zehn Ohm legen, muß zumindest R_1 entsprechend erhöht werden. Das kann man erstens einmal erreichen, wenn man sich alle FIT's ausdrucken lässt. Die Rechenzeit ist aber dann nicht mehr vertretbar. Man erhält schneller Resultate, wenn man einen einfachen Trick anwendet:
Die beiden Karten R1 = I, und R4 = L und die zugehörigen DO-Befehle werden vertauscht. Dann wird R1 variiert, während in der ersten Spalte R4 innerhalb der drei Minuten Rechenzeit konstant bleibt. Weiters kann man aus der Zahl der möglichen FIT's und deren Lage abschätzen, ob der geforderte Schaltwert

bei Widerstandsänderungen stark verändert wird. Auf jeden Fall ist ein FIT, in dessen unmittelbarer Nähe weitere FIT's liegen, einem "einsamen" FIT vorzuziehen. Die dreistufige Rechnung ergibt daher eine gute Übersicht über die Brauchbarkeit eines Schmitt-Triggers:

Stufe 1: Übersichtsrechnung, um festzustellen, ob die Angaben zu einem FIT führen könnten.

Stufe 2: Bestimmung eines FIT's

Stufe 3: Übersicht über die Lage der benachbarten FIT's und Auswahl der endgültigen Dimensionierung.

Hat man jedoch laufend verschiedene Schmitt-Trigger zu berechnen und will man Rechenzeit sparen, so empfiehlt es sich, die möglichen Lösungen vorher abzuschätzen. Das kann überschlagsartig durchgeführt werden oder mit Hilfe einer Tabelle, die der Rechner einmal aufstellt. Mit Hilfe solcher Listen kann man den Bereich der veränderlichen Widerstände einschränken und damit Rechenzeit sparen. In manchen Fällen wird es auch genügen, die Werte, von denen man nach der Tabelle vermutet, daß sie die gestellten Bedingungen erfüllen, in das Programm nach Tabelle 3 einzuführen und sich zu überzeugen, daß die Abschätzung richtig war. Die tatsächliche Rechenzeit ist auf wenige Sekunden beschränkt, während man zum Aufstellen der Liste etwa zehn Minuten Maschinenzeit benötigt.

Mit Hilfe der vom Rechner aufgestellten Tabelle kann auch die Abhängigkeit der Größe A von den verschiedenen Widerstandswerten untersucht werden (Abb. 42). Die Abbildung beweist, daß die Größe A und damit die Schaltspannung nicht linear mit den Widerständen verändert wird. In Abb. 42 zum Beispiel ist A in Abhängigkeit vom Emitterwiderstand dargestellt. Für bestimmte Widerstandskombinationen ist A nahezu unabhängig vom Emitterwiderstand:

R_1 = 6 kOhm, R_2 = 21 kOhm, R_3 = 16 kOhm, R_4 = 26 kOhm.

Bei der praktischen Ausführung eines Schmitt-Triggers wird man diese Kurven berücksichtigen müssen. Findet der Rechner für einen bestimmten Trigger mehrere Lösungsmöglichkeiten, so kann aus der vom Rechner aufgestellten Übersichtsliste die Umgebung

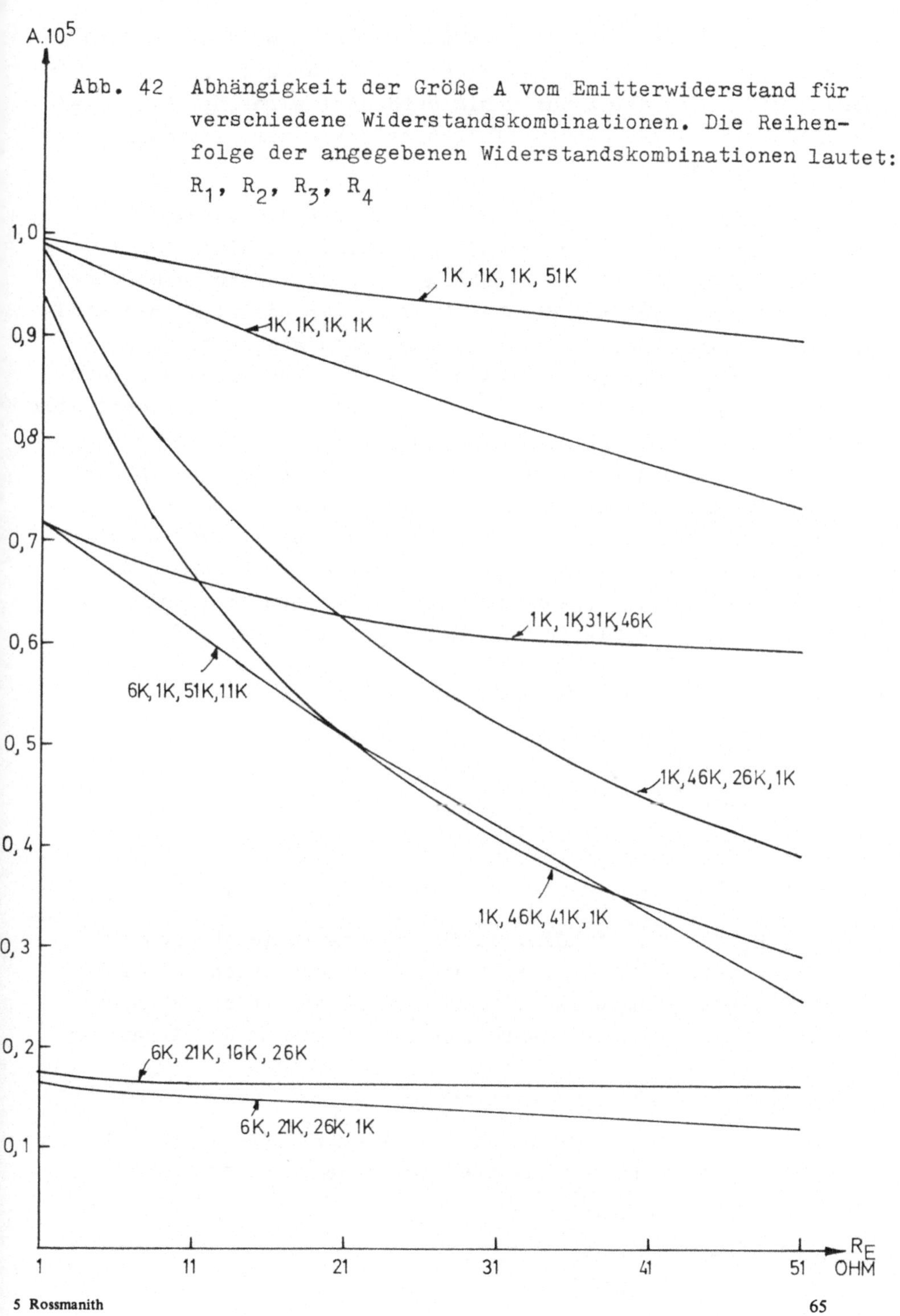

Abb. 42 Abhängigkeit der Größe A vom Emitterwiderstand für verschiedene Widerstandskombinationen. Die Reihenfolge der angegebenen Widerstandskombinationen lautet: R_1, R_2, R_3, R_4

des FIT's untersucht werden und festgestellt werden, ob sich A sehr stark mit den einzelnen Widerständen ändert oder ob es eine Lösung gibt, bei der A nur wenig verändert wird. Mit Hilfe der gezeichneten Kurven können Alterungseffekte der Widerstände reduziert werden.

Das Programm Tabelle 3 eignet sich auch für "worst-case" Berechnungen. Die in der Schaltung verwendeten Widerstände können sich innerhalb eines bestimmten Bereichs entweder durch Alterung oder durch thermischen Einfluß verändern. Ebenso sind die Kenngrößen eines Transistors temperaturabhängig. Um zu eruieren, ob bei Änderung dieser Werte die Funktionsfähigkeit des Triggers beeinträchtigt ist, ermittelt man den schlechtesten Fall oder, wie er englisch bezeichnet wird, "worst-case" und kontrolliert, ob der Trigger noch schaltfähig ist. Es ist jedoch von vornherein nicht abzusehen, was eigentlich der schlechteste Fall ist. Für ein linearisiertes Trigger-Modell hat Kuhfuß [6] ein Rechenschema angegeben. Durch geringfügige Änderung von Tabelle 3 kann man den worst-case ermitteln. Zuerst wird eine Tabelle der maximalen Abweichungen aufgestellt: z.B.

$$\Delta R_1 = \pm\ 20\ \%$$

$$\vdots \qquad \vdots$$

$$\Delta B = \pm\ 10\ \%$$

Besitzt R_1 den Wert 1 kOhm, so ist die maximale Abweichung des Widerstands $\pm$ 200 Ohm, R_1 kann im schlechtesten Fall die Werte 800 beziehungsweise 1200 Ohm annehmen. In die Rechnersprache übersetzt steht zu Beginn des Programms der Ausdruck:

```
DO 1 I = 800, 1200, .......
```

Anstelle der Punkte werden die Variationsstufen eingesetzt. Die Größe I wird in der nächsten Zeile dem Widerstand R_1 gleichgesetzt:

$$R_1 = I$$

Analog werden die Variationen der anderen Größen ermittelt. Das Programm kann auf zwei Arten gerechnet werden:

a) Gibt es mindestens einen Fall, bei dem der Schmitt-Trigger nicht mehr arbeitet, soll das Programm unterbrochen werden. Um das zu erreichen, muß man die Bedingung
IF (....).., ..,..
anders formulieren. Bei Test 1 wird untersucht, ob das Spannungsfenster getroffen wird. Bei worst-case Rechnungen soll ein Wert, der nicht das Fenster trifft, ausgedruckt werden:
```
IF (1.1 - UEKR) 19, 10, 10
11 IF (0.9 - UEKR) 11, 11, 19
```
Bei 19 muß der Rechner sofort ausdrucken: am Ende des Programms wird daher stehen:
```
19 WRITE .....
```
Ebenso wird bei allen anderen IF anstelle der Zahl 11 die Zahl 19 gesetzt und gleichzeitig die DO-Schleife bis zum Ende des Programms ausgedehnt:
```
1 CONTINUE
```
steht nach dem Befehl
```
WRITE.....
```
Fällt irgendeine mögliche Wertekombination außerhalb der Bedingungen, endet die Rechnung bei 19 und wird sofort gemeldet. Bei der praktischen Durchführung des Programms wird man das Spannungsfenster entsprechend weit aufmachen, um erst einmal zu prüfen, ob

$$\kappa(R_{T2})$$

größer null ist, das heißt ob der Trigger kippfähig bleibt. Danach soll erst untersucht werden, wie er seine Schaltspannung ändert.

b) Es werden alle IF's weggelassen und die Werte bei den verschiedenen Variationen ausgedruckt. Es empfiehlt sich jedoch, Test 3 durchzuführen und den Rest der Tests wegfallen zu lassen. Auf diese Weise erhält man eine Übersicht über die möglichen Abweichungen vom Soll-Wert.

Alle oben beschriebenen Rechenmethoden verändern die möglichen Widerstandswerte stufenweise. Wählt man die Stufen sehr groß, ist es denkbar, daß man einen FIT überspringt und auf diese

Weise nie ein Resultat erzielt. Es wurden daher in der Computer-Technik Methoden entwickelt, die ökonomischer arbeiten und eine nahezu stetige Veränderung der Eingangsgröße ermöglichen, ohne daß dabei die Stufen immer enger gewählt werden müssen und die Rechenzeit unvertretbar groß wird: In der Kernphysik tritt das Problem auf, die Konstanten einer Formel zu bestimmen, wenn die Lösungen der Formel bekannt sind. Falls das Problem leicht überschaubar und kein Computer nötig wäre, würde man folgendermaßen vorgehen: man würde irgendwelche Zahlen nehmen und nachrechnen, ob sie den Forderungen entsprechen. Man wird zuerst die Zahlen grob verändern und in der Nähe einer Lösung immer kleinere Veränderungen vornehmen, bis ein FIT erreicht ist. Genauso geht man bei komplizierteren Rechnungen vor, die man nur mit Hilfe eines Computers lösen kann: man nimmt Zufallszahlen, das sind Zahlen, die nichts miteinander zu tun haben, und führt mit diesen Zahlen die einzelnen Tests durch. Gelangt man in die Nähe eines FIT's, rechnet man entweder stufenförmig weiter oder verwendet nur Zufallszahlen, die innerhalb des entsprechenden Bereichs liegen. Diese Methode wird nach der Konferenz, auf der sie diskutiert wurde, Monte-Carlo-Methode genannt. Die größeren Rechner besitzen einen Zufallszahlengenerator oder wie er auch genannt wird, Monte-Carlo-Generator, der eine große Zahl von zufälligen Zahlen, die zwischen null und eins liegen, produziert. Das Programm Tabelle 3 kann auf ein Monte-Carlo-Programm auf einfache Weise umprogrammiert werden: Zu Beginn des Programms steht der Befehl, der Monte-Carlo-Generator soll das Programm mit Zufallszahlen versorgen. Im weiteren Programm fallen die DO-Schleifen weg. Die Werte aus dem Monte-Carlo-Generator müssen normiert werden, da ja der Widerstandswert von R_1 nie zwischen 0 und 1 liegen kann. Danach folgt ein IF, das alle physikalisch unbrauchbaren Werte aussiebt. Die normierten Werte gelangen in die weitere Rechnung bis zu Test 1. Tritt ein FIT auf, so werden die weiteren Tests durchgeführt. Es kann natürlich möglich sein, daß ein Wert für UEKR erhalten wird, der nahe einem FIT liegt, während die später liegenden Zahlen weit daneben liegen. Um Rechenzeit zu sparen, kann man die stufenweise Methode einsetzen lassen, um einen FIT zu erhalten. Im Programm sieht das folgendermaßen aus: das Spannungsfenster wird weit aufgemacht. Wird es getroffen,

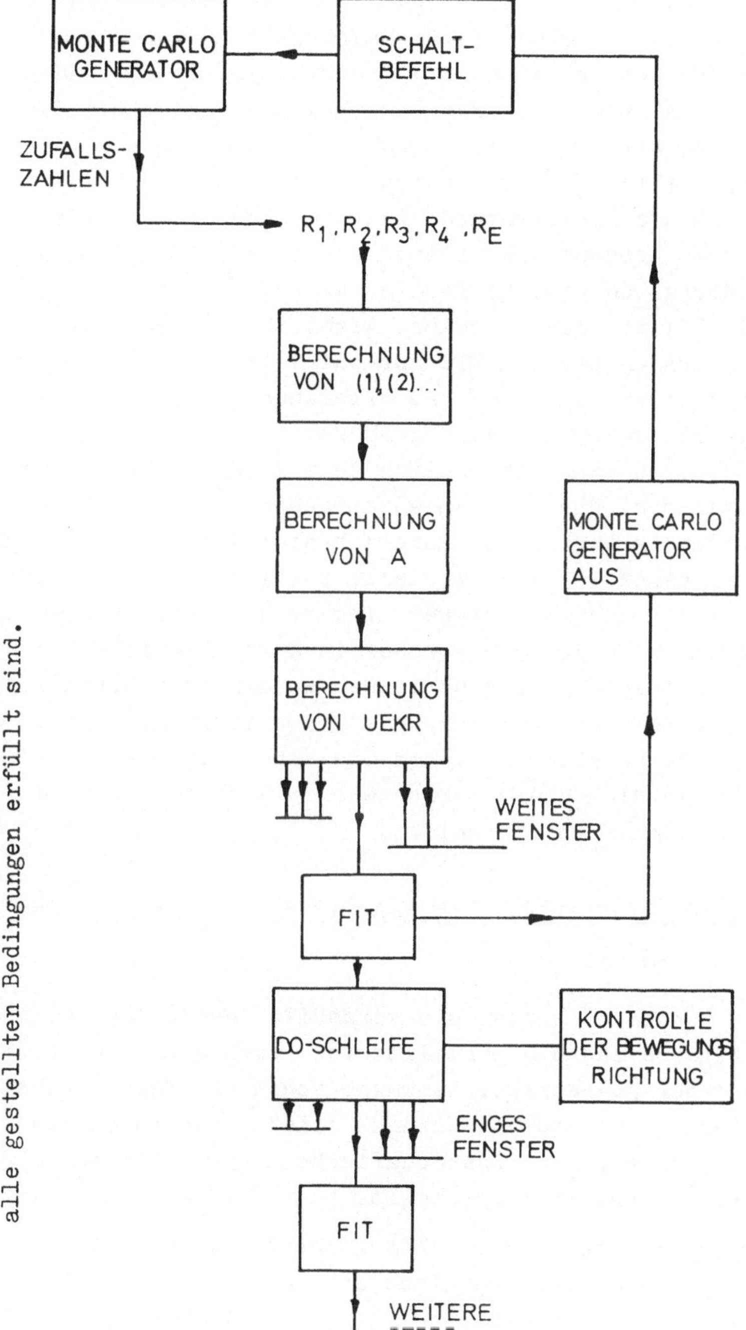

Tabelle 6 Berechnung eines Schmitt-Triggers mit Hilfe der Monte-Carlo-Methode. Mit Hilfe von Zufallszahlen werden die Widerstände R_1, R_2, R_3, R_4 und R_E abgeschätzt. Danach werden die entsprechenden Widerstandswerte stetig verändert, solange, bis alle gestellten Bedingungen erfüllt sind.

wird der Monte-Carlo-Generator abgeschaltet und irgendein Widerstand verändert. Um Rechenzeit zu sparen kann man mit Hilfe eines zweiten IF's die Richtung der Veränderung bestimmen. Läuft das Resultat bei stufenförmiger Veränderung vom Fenster weg, wird sofort die Änderungsrichtung umgedreht. In Tabelle 6 ist ein solches Monte-Carlo-Schema aufgestellt. Die Monte-Carlo-Methode ist die ökonomischte, da nur bei der groben Abschätzung "blind" gerechnet wird. Stimmt die Größenordnung, so wird gezielt gerechnet und immer kontrolliert, ob ein FIT wirklich erreicht wird. Es empfiehlt sich daher, alle Rechnungen vor dem FIT nur bei Test 1 durchzuführen, um ein Minimum an Rechenzeit zu erreichen. Erst nach Test 1 werden die anderen Tests durchgeführt. Ist irgendein Test nicht erfüllt, so kann man ähnlich Test 1 innerhalb des ersten FIT's variieren, bis bei dem entsprechenden Test ein FIT auftritt. Neben der kurzen Rechenzeit bietet die Monte-Carlo-Methode noch einen weiteren Vorteil: bei grundlegenden Untersuchungen über den Schmitt-Trigger liefert sie eine Vielzahl von Resultaten, ohne daß von vornherein durch DO-Schleifen Lösungsmöglichkeiten ausgeschlossen werden. Mit Hilfe der Monte-Carlo-Methode kann zum Beispiel untersucht werden, wieviele Widerstands-Kombinationen dasselbe Schaltverhalten aufweisen und wie sich diese verschiedenen Möglichkeiten in der Hysterese voneinander unterscheiden.

4.3.3 BEISPIEL FÜR DIE PRAKTISCHE DURCHFÜHRUNG DER FUNKTION $I_{B1}=I_{B1}(U)$

In Tabelle 1 wurden die verschiedenen Betriebsarten des Schmitt-Triggers zusammengestellt. Von besonderer technischer Wichtigkeit ist der Ub-Betrieb. Es wurde schon mehrfach erwähnt, daß immer wieder Wege gesucht wurden, einen sogenannten Schaltzweipol zu konstruieren. Das Schaltschema eines solchen Schaltzweipols ist in Abb. 43 dargestellt.

Überschreitet die Eingangsspannung einen bestimmten Wert, so ändert sich der Schaltzustand des Ausgangs [7] .

0,1 sind Schaltbeschreibung

0 ≡ Ausgangsspannung = 0

1 ≡ Ausgangsspannung = Eingangsspannung

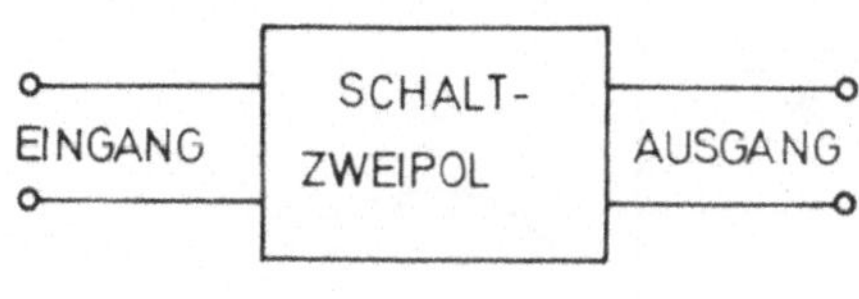

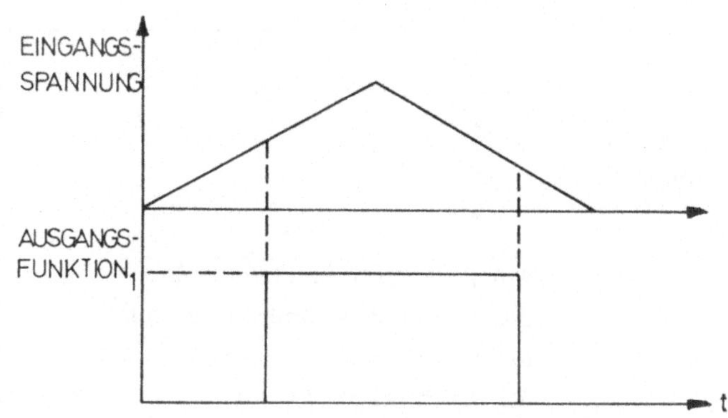

Abb. 43 Schematische Darstellung eines Schaltzweipols

Ein Schaltzweipol arbeitet ohne zusätzliche Vergleichsspannung. Man kann auch von einem Element mit einer nichtlinearen Charakteristik sprechen, da nach Abb. 43 sicher nicht gilt

$$U_{AUSG} = A\, U_{EING}$$

A ist irgendeine Proportionalitätskonstante. Um Schalter mit einer solchen Eigenschaft zu entwickeln, kann man daher von nichtlinearen Bauelementen ausgehen. In Abb. 44 ist eine Brückenschaltung mit einem nichtlinearen Bauelement, einer sogenannten Z-Diode dargestellt. Die Z-Diode hat die Eigenschaft, unterhalb einer bestimmten Spannung, der sogenannten Z-Spannung, vollkommen zu sperren. Erreicht die angelegte Spannung jedoch den Wert der Z-Spannung und ist noch vor der Z-Diode ein Vorwiderstand, so bleibt die Spannung an der Z-Diode konstant. Im Brückenast ändert sich daher der Strom in Abhängigkeit von der angelegten Spannung. Bei entsprechender Dimensionierung der Widerstände kann man erreichen, daß bei einer bestimmten Spannung der Strom den Wert 0 erreicht und bei weiterer Erhöhung der Spannung die Flußrichtung umdrcht (Abb. 45). Bei einer Brücke mit linearen Widerständen ist das nicht der Fall, wie man sich leicht überzeugen kann.

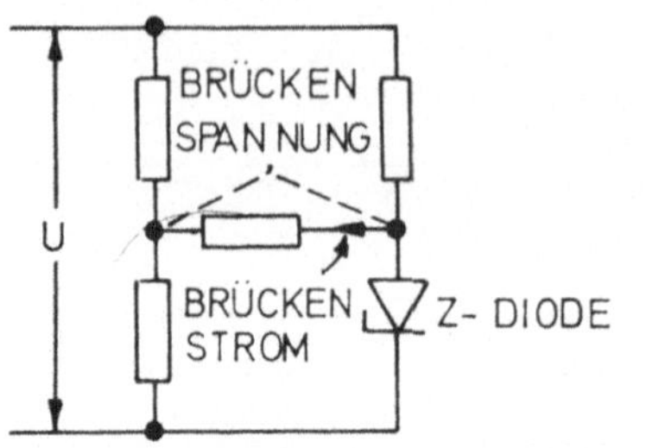

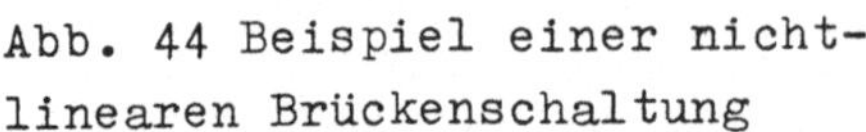
Abb. 44 Beispiel einer nichtlinearen Brückenschaltung

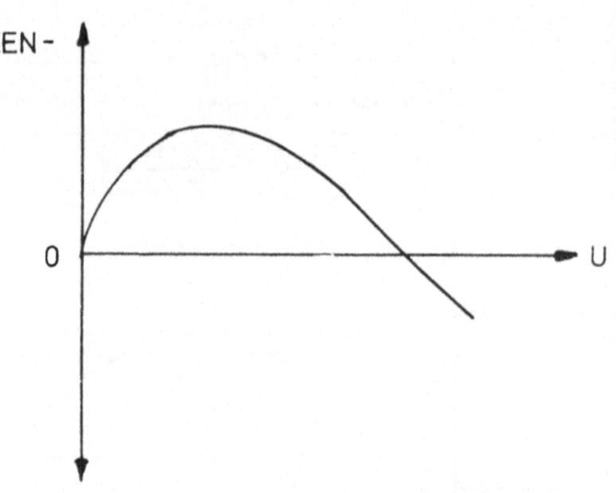

Abb. 45 Schematische Darstellung des Brückenstroms einer nichtlinearen Brücke in Abhängigkeit von der angelegten Spannung.

Man benötigt weiters noch einen vorspannungsfreien Nullindikator und besitzt somit einen Schaltzweipol. Da jedoch in der Konstruktion eines vorspannungsfreien Nullindikators gewisse Schwierigkeiten liegen, ging man zu aktiven Bauteilen als Verstärkungselemente über. In Abb. 46 ist eine solche Schaltung skizziert. Solange die Z-Diode sperrt, ist der Basis-Strom des Transistors Null. Erst wenn die Z-Diode leitet und der Spannungsabfall am Widerstand R3 größer als die Z-Spannung ist, fließt ein Kollektorstrom.

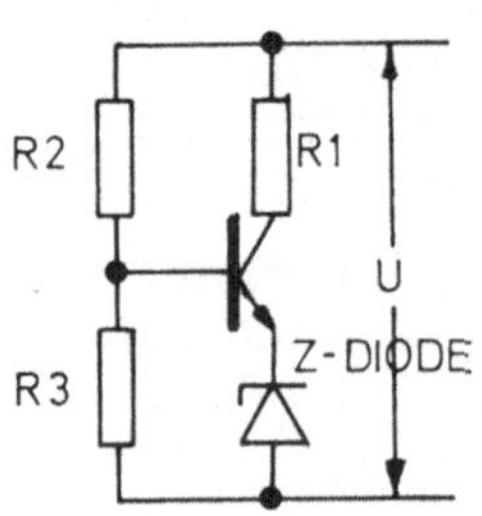

Abb. 46 Versuch eines Schalters ohne Vergleichsspannung mit einer Z-Diode

Der "Schaltpunkt" wird durch Verändern der Widerstandskombination R2, R3 verkleinert oder vergrößert. Der Nachteil dieses Systems ist jedoch, daß kein echter Schaltpunkt vorhanden ist, da sich der Kollektorstrom stetig ändert. Dieser Nachteil wird durch Verwendung weiterer Transistoren weitgehendst ausgeschaltet (Abb.47):

Während des Schaltvorgangs besitzt ein Trigger eine unendlich große Verstärkung. Der Spannungsverstärker wird durch folgende Beziehung definiert:

$$\frac{\Delta U_{AUSG}}{\Delta U_{EING}}$$

Da sich die Eingangsspannung nicht ändert, ist

$$\Delta U_{EING} = 0$$

die Verstärkung daher unendlich groß. Durch Verwendung mehrerer Transistorstufen steigt die Verstärkung. Man erhält daher ein Quasi-Schaltverhalten (Abb. 47).

Den nächsten Schritt zur Erzielung eines echten Schaltzweipols kann man direkt aus Abb. 46 ableiten. Zu dem einen in Abb. 46 bereits vorhandenen Transistor wird ein zweiter z.B. in der Form eines Schmitt-Triggers hinzugeschaltet (Abb. 48).

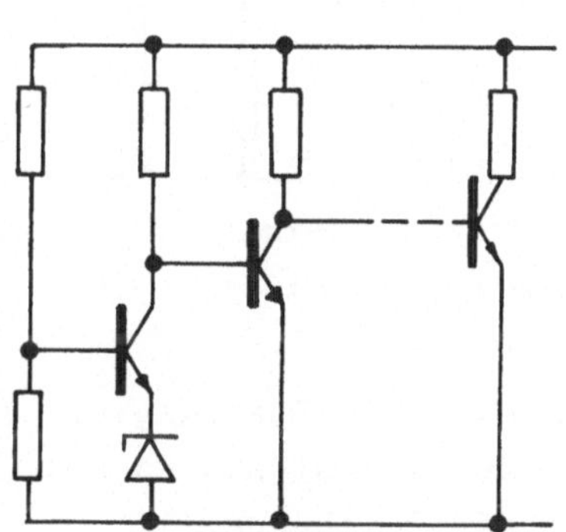

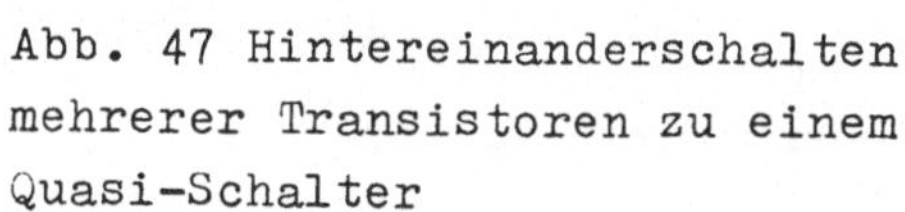

Abb. 47 Hintereinanderschalten mehrerer Transistoren zu einem Quasi-Schalter

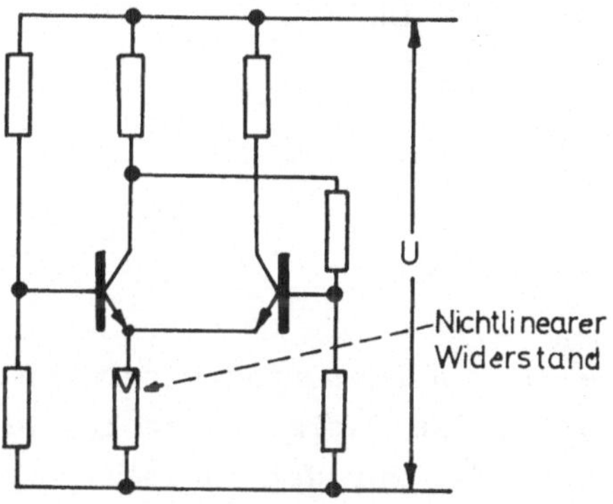

Abb. 48 Ergänzung von Abb. 46 zu einem echten Schaltzweipol

Da jedoch die Z-Diode den Nachteil hat, daß sie unterhalb der Z-Spannung nicht leitet, so sperrt Transistor T2. In Abb. 52 wurde daher die Z-Diode durch einen anderen,nicht näher definierten, nichtlinearen Widerstand ersetzt. Aus diesen Überlegungen geht klar hervor, daß man Schalteffekte ohne Vergleichsspannung erzielen kann, wenn man nichtlineare Widerstände verwendet.

In Kapitel 2.1 wurde zur Berechnung des Schmitt-Triggers ein linearisiertes Kennlinienfeld angegeben. Der Transistor besteht jedoch aus zwei Dioden, die gegeneinander geschaltet sind (Abb. 49). Wird die Basis-Emitter-Diode in Durchlassrichtung betrieben und liegt eine entsprechende Spannung zwischen Emitter und Kollektor, so wird auch die Emitter-Kollektor-Strecke leitend. Eine Diode stellt jedoch einen nichtlinearen Widerstand dar und es muß untersucht werden, ob nicht diese Linearitäten bereits ausreichen, um den Schmitt-Trigger als Schaltzweipol zu betreiben.

Ausgangspunkt der Überlegungen ist dabei eine Schaltung nach Abb. 50

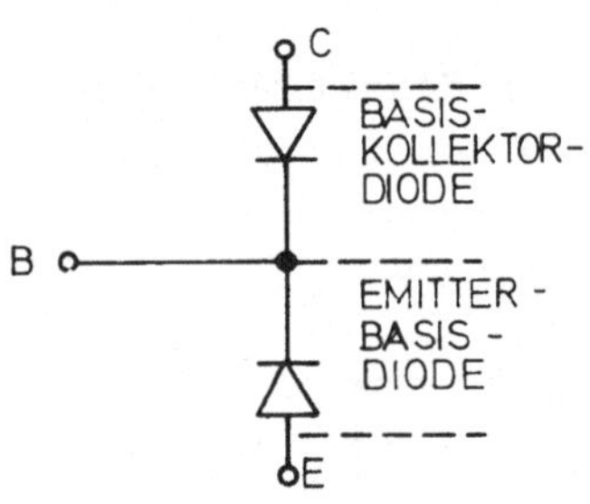

Abb. 49 Innerer Aufbau des Transistors

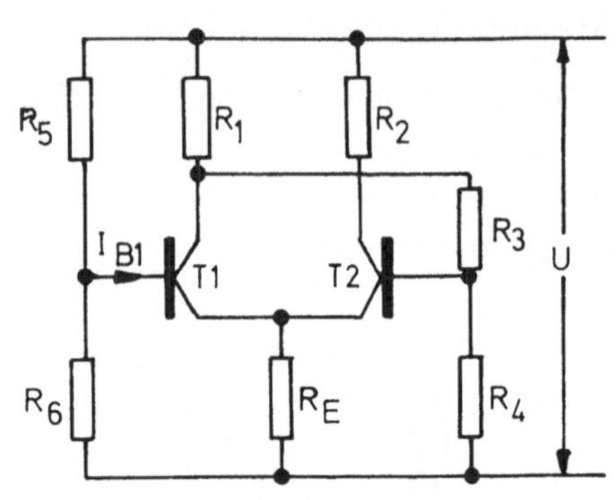

Abb. 50 Schmitt-Trigger als Zweipol-Schalter

Anstelle von zwei Eingangsgrößen tritt nur mehr die Spannung U. Die Größe des Basisstromes I_{B1} wird durch die Widerstände R5 und R6 bestimmt. Für den Basisstrom erhält man die Beziehung:

$$I_{B1} = U \frac{R_6}{R_5 R_6 + (R_{B2} + BR_E)(R_5 + R_6)} - I_{C2} \frac{R_E (R_5 + R_6)}{R_5 R_6 + (R_{B2} + BR_E)(R_5 + R_6)}$$

Nimmt man weiterhin an, daß bei niedrigen Eingangsspannungen T2 durchgeschaltet ist und der Kollektorstrom von T2 sehr viel größer als der Kollektorstrom von T1 ist, so gilt

$$I_{C2} = \frac{U}{R_E + R_2}$$

und eingesetzt in obige Beziehung

$$I_{B2} = U \left[\frac{R_6 - R_E \frac{R_5 + R_6}{R_E + R_2}}{R_5 R_6 + (R_{B2} + BR_E)(R_5 + R_6)} \right]$$

Die Behauptung, daß T2 bei niedrigen Werten von U leitet, muß bewiesen werden. Das soll aber erst etwas später geschehen. Aus obiger Gleichung folgt, daß der Basisstrom von T1 proportional der Eingangsspannung U ist. In Kapitel 4.2.1.1 wurde jedoch gezeigt, daß die Größe

$$\frac{U_S}{I_{B1S}} \qquad U_S = \text{Spannung am Schaltpunkt}$$

für einen gegebenen Trigger eine Konstante ist (siehe auch Abb. 27). Um zu einem Schaltpunkt zu gelangen, muß daher der Quotient

$$\frac{U}{I_{B1}}$$

solange verändert werden, bis

$$\frac{U}{I_{B1}} = \frac{U_S}{I_{B1S}}$$

ist. Ein Schaltvorgang kann unter Verwendung eines linearen Modells nicht erzielt werden. Diese Aussage ist identisch mit der Feststellung, daß bei einer Brücke aus linearen Widerständen bei irgendeinem Wert der angelegten Spannung der Strom im Brückenzweig null wird, während er bei einer anderen Spannung ungleich null ist. In Kapitel 4.2.1.1 wurde eine Bedingung für den U-Betrieb abgeleitet:

$$\frac{d\left(\frac{U}{I_{B1}}\right)}{dU} = -\left|\varphi(U)\right| \qquad \varphi \text{ beliebig}$$

Abbildung 2 stellt ein nichtlineares Kennlinienfeld eines Transistors dar. Die innere Schaltung wurde in Abb. 53 dargestellt. Für einen realen Transistor gilt nicht mehr die Beziehung

$$I_{C1} = B\, I_{B1}$$

sondern I_C ist von U_{CE} und U_{CE} abhängig:

$$I_{C1} = f(I_{B1}\ U_{CE1})$$

Eine Diode stellt einen nichtlinearen Widerstand dar. Die Kennlinie wird durch die Gleichung

$$I = I_0\left[\exp\left(\frac{eU}{KT}\right) - 1\right]$$

I_0 ist eine konstante Größe, e die Ladung eines Elektrons, k die Boltzmannkonstante, T die absolute Temperatur, und U der Spannungsabfall an der Sperrschicht der Diode.

beschrieben. Aber auch diese Beschreibung entspricht nicht ganz den Tatsachen. Unterhalb einer bestimmten Spannung sperrt die Diode.

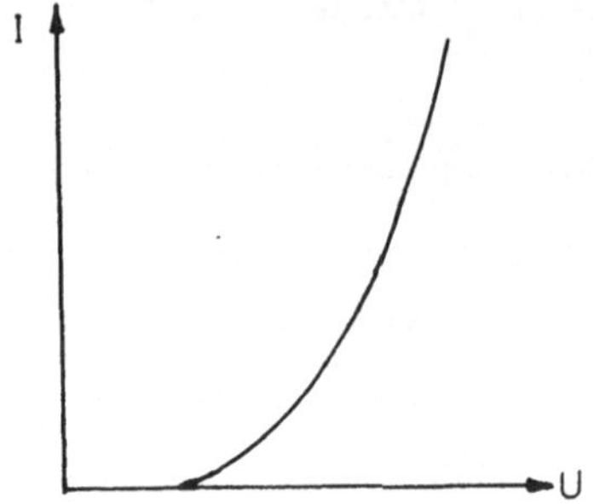

Abb. 51 Schematische Darstellung der Kennlinie einer Diode

Ausgehend von der Diodengleichung schlugen Moll und Ebers [8] eine nichtlineare Beschreibung des Transistor-Kennlinienfeldes vor. Die weiteren Überlegungen folgen dem Moll-Ebers-Modell. Für die Ströme I_E und I_C erhält man nach Moll und Ebers:

$$I_E = A_{11}\left(\exp\frac{eU_E}{KT} - 1\right) + A_{12}\left(\exp\frac{eU_K}{KT} - 1\right)$$

$$I_C = A_{21}\left(\exp\frac{eU_E}{KT} - 1\right) + A_{22}\left(\exp\frac{eU_K}{KT} - 1\right)$$

A_{11}, A_{12}, A_{21} und A_{22} sind konstante Größen, U_E und U_C ist der Spannungsabfall an der Emitter-Basis- beziehungsweise an der Basis-Kollektor-Diode. Für den aktiven Bereich ist

$$\exp\frac{eU}{KT}$$

klein gegenüber eins. Obiges Gleichungssystem reduziert sich daher zu der von Moll und Ebers angegebenen Formel für den aktiven Bereich:

$$I_E = A_{11}\left(\exp\frac{eU_E}{kT} - 1\right) - A_{12} \qquad I_C = A_{21}\left(\exp\frac{eU_E}{kT} - 1\right) - A_{22}$$

Beide Gleichungen zusammengefasst ergeben die Beziehung

$$I_E = \frac{A_{12}}{A_{22}} I_C + \frac{A_{12}A_{21}}{A_{22}} - A_{11}$$

oder mit Hilfe der Beziehung $I_E = I_C + I_B$

$$I_B = \left(\frac{A_{12}}{A_{22}} - 1\right) I_C + \frac{A_{12}A_{21}}{A_{22}} - A_{11}$$

Nach Moll und Ebers ist daher der Kollektorstrom I_C proportional dem Basisstrom I_B plus einer Konstante. Für den Basisstrom gilt

$$I_B = A\exp\frac{eU_E}{kT} + B$$

mit

$$A = A_{11} - A_{21} \qquad B = A_{22} - A_{12} - A$$

Der Basiswiderstand ist der Quotient aus U_E und I_B. Bezieht man sich auf Transistor T1, so gilt für den Basis-Emitterwiderstand R_{B1}

$$R_{B1} = \frac{kT}{eI_{B1}} \ln \frac{I_{B1} - B}{A}$$

Beim linearen Modell wurde angenommen, daß der Basis-Emitter-Widerstand konstant ist. Mit zunehmender Spannung U wächst der Basisstrom beim nichtlinearen Rechenmodell schneller als beim linearen, denn beim nichtlinearen Modell wird für hohe Ströme der Widerstand 0, wie man sich leicht unter Verwendung obiger Formel mit Hilfe der Regel von L'Hospital ausrechnen kann:

$$\lim_{I_{B1} \to \infty} R_{B1} = 0 \qquad \lim_{I_{B1} \to 0} R_{B1} = \infty$$

Der Verlauf dieser Funktion zwischen den beiden Extremwerten null und unendlich wird anhand einer Kurvendiskussion veranschaulicht: es soll gezeigt werden, daß zwischen den beiden Werten null und unendlich kein Minimum existiert. Der Differentialquotient lässt sich folgendermaßen anschreiben

$$\frac{dR_{B1}}{dI_{B1}} = \frac{KT}{eI_{B1}} \left[\frac{1}{I_{B1} + A} - \frac{1}{I_{B1}} \ln \left(\frac{I_{B1}}{A} + 1 \right) \right]$$

Befindet sich zwischen den beiden Werten ein relatives Extremum, so gilt für diesen Funtionswert

$$\frac{I_{B1}}{I_{B1} + A} = \ln \left(\frac{I_{B1}}{A} + 1 \right)$$

Zur Vereinfachung wird folgende Transformation eingeführt

$$Z = \frac{I_{B1} + A}{A}$$

Aus der Diodengleichung folgt, daß A größer als null sein muß. Z ist daher für alle denkbaren Werte größer als 0. Weiterhin gilt daher

$$Z \geqq 1$$

Die Gleichung für das relative Extremum lautet

$$1 - \frac{1}{Z} = \ln z$$

beziehungsweise

$$\exp \frac{1}{Z} = \frac{e}{Z}$$

Für z=0 wächst sowohl die linke als auch die rechte Seite der Gleichung über alle Grenzen. Wird hingegen z unendlich groß, so konvergiert der Ausdruck

$$\exp\frac{1}{z}$$

gegen 1, der Ausdruck

$$\frac{e}{z}$$

hingegen gegen 0. Differenziert man beide Ausdrücke nach z, so erhält man

$$\frac{d(\exp\frac{1}{z})}{dz} = -\frac{\exp\frac{1}{z}}{z^2} \qquad \frac{d(\frac{e}{z})}{dz} = -\frac{e}{z^2}$$

Für z=1 sind beide Anstiege gleich, für

$$z \geqq 1$$

ist der Anstieg der Funktion

$$\exp\frac{1}{z}$$

kleiner als der Anstieg der Funktion

$$\frac{e}{z}$$

In Abb. 52 sind beide Funktionen schematisch dargestellt. Beide Funktionen besitzen außer $I_{B1} = 0$ keinen gemeinsamen Punkt. R_{B1} besitzt zwischen 0 und unendlich kein relatives Extremum, ist daher monoton fallend im strengen Sinn. Dieser Zwischenbeweis soll später noch einmal verwendet werden.

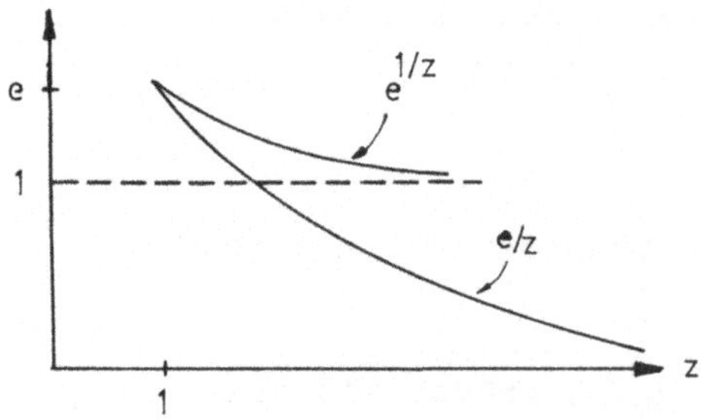

Abb. 52 Veranschaulichung des Kurvenverlaufs der Funktionen $\exp\frac{1}{z}$ und $\frac{e}{z}$ (schematische Darstellung)

Nach Teilschaltung Abb. 53 erhält man für einen Schmitt-Trigger im Ub-Betrieb folgende Gleichungen:

$$U = I_5R_5 + R_6I_6 \qquad I_5 = I_6 + I_{B1} \qquad U = I_5R_5 + I_{B1}R_{B1} + I_{B1}R_E + BI_{B1}R_E + I_{C2}R_E$$

$$I_{C2} \approx \frac{U}{R_2 + R_E + R_R}$$

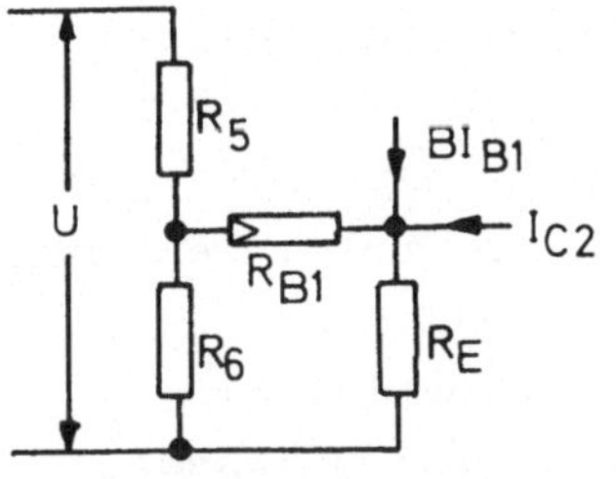

Abb. 53
Teilschaltbild mit nichtlinearem Basis-Emitter-Widerstand

Zusammengefasst folgt die Beziehung

$$I_{B1}\left[\frac{R_5R_6}{R_5+R_6}+R_E+BR_E+R_{B1}\right]=U\left[1-\frac{R_5}{R_5+R_6}-\frac{R_E}{R_2+R_E+R_R}\right]$$

Durch weitere Vereinfachungen

$$a=\frac{R_5R_6}{R_5+R_6} \qquad b=1-\frac{R_5}{R_5+R_6}-\frac{R_E}{R_2+R_E+R_R}$$

und Einsetzen der Beziehung

$$R_{B1}=\frac{KT}{eI_{B1}}\ln\frac{I_{B1}+A}{A}$$

erhält man

$$a_1 I_{B1}+b_1\ln\frac{I_{B1}+A}{A}=U$$

mit

$$a_1=\frac{a}{b} \qquad b_1=\frac{KT}{be}$$

und weiterhin

$$\frac{U}{I_{B1}}=a_1+\frac{R_{B1}}{b}$$

Der Differentialquotient

$$\frac{d\left(\frac{U}{I_{B1}}\right)}{dU}$$

kann nach den Regeln der Differentialrechnung in ein Produkt von zwei Differentialquotienten zerlegt werden:

$$\frac{d\left(\frac{U}{I_{B1}}\right)}{dU}=\frac{d\left(\frac{U}{I_{B1}}\right)}{dI_{B1}}\cdot\frac{dI_{B1}}{dU}$$

Der Differentialquotient

$$\frac{d}{dI_{B1}}\left(\frac{U}{I_{B1}}\right)$$

ist für alle denkbaren Werte kleiner als 0, wie oben gezeigt wurde. Der zweite Differentialquotient kann nach der Formel

$$U=a_1I_{B1}+b_1\ln\left(\frac{I_{B1}+A}{A}\right)$$

berechnet werden und lautet

$$\frac{dU}{dI_{B1}}=a_1+\frac{b_1}{I_{B1}+A}$$

Dieser Differentialquotient ist größer als 0. Somit gilt:

$$\frac{d}{dU}\left(\frac{U}{I_{B1}}\right) < 0$$

Abb. 49 erreicht tatsächlich einen kritischen Punkt, wenn man den Berechnungen ein nichtlineares Rechenmodell zugrunde legt. Das Ergebnis ist deswegen interessant, da keinerlei Einschränkungen in der Dimensionierung gemacht werden müssen. Prinzipiell erreicht jeder Schmitt-Trigger nach Abb. 49 einen kritischen Punkt. Die weiteren Überlegungen folgen analog dem I_{B1}-Betrieb: um einen Schaltvorgang zu erzwingen, muß sich I_{B1} während des Schaltvorgangs ändern (siehe Tabelle 1). Die Änderung von I_{B1} wird durch folgende Formel beschrieben:

$$I_{B1} = \frac{UR_6 - I_{C2}R_E(R_5 + R_6)}{R_5R_6 + (R_E + BR_E + R_{B1})(R_5 + R_6)} > I_{B1M}$$

Auch hier handelt es sich wieder um eine echte Schaltbedingung, die nicht trivialerweise erfüllt sein muß. Bei der Konstruktion eines Spannungsschalters muß man sich daher immer vergewissern, ob diese Bedingung erfüllt ist. Ein Nachteil dieser Schaltung ist es jedoch, daß I_{B1} von der absoluten Temperatur abhängt. Die Temperaturabhängigkeit muß durch einen zusätzlichen temperaturabhängigen Widerstand kompensiert werden.

Nichtlineare Effekte treten jedoch auch beim I_{B1}-Betrieb auf, so daß auch hier kompensiert werden muß. In Tabelle 7 sind die einzelnen Betriebsarten zusammengestellt.

Tabelle 7 Zusammenstellung der Berechnungsarten und der parasitären Effekte bei den einzelnen Betriebsmöglichkeiten

Betriebsart	Notwendige Berechnungsart	Parasitäre Effekte
I_{B1}	linear	Nichtlinearitäten
Ua	linear	Nichtlinearitäten
Ub	nichtlinear	–

4.4 DAS DYNAMISCHE VERHALTEN EINES SCHMITT-TRIGGERS

In den vorhergehenden Kapiteln wurden folgende Aussagen über den Schmitt-Trigger gemacht:

a) Der kritische Punkt wurde berechnet
b) Die Schaltbedingungen wurden abgeleitet

Mit Hilfe dieser Aussagen kann man einen Schmitt-Trigger bereits berechnen. Aussagen über die Schaltzeit können jedoch nicht gemacht werden. Im folgenden Kapitel wird der eigentliche Schaltvorgang näher untersucht.

4.4.1 DIE HYSTERESE

Der Begriff Hysterese wurde zur Beschreibung des magnetischen Verhaltens von ferromagnetischen Stoffen eingeführt, jedoch später verallgemeinert. Unter Hysterese versteht man die Tatsache, daß ein physikalischer Vorgang bei positiver und negativer Veränderung verschieden abläuft. Aus der Relaistechnik zum Beispiel ist bekannt, daß Einschaltspannung und Ausschaltspannung nicht identisch sind. Der Grund hierfür liegt in Reibungseffekten. Beim Einschaltvorgang addieren sich die Reibungskräfte zu der Kraft, die nötig ist, um den Schalter zu betätigen. Beim Ausschaltvorgang subtrahieren sich diese Kräfte. Daher ist der Einschaltpunkt bei mechanischen Relais immer höher als der Ausschaltpunkt. Bei elektronischen Schaltern gibt es keine Trägheitskräfte, die eine Hysterese verursachen können. Für die Hysterese ist folgende Tatsache verantwortlich: Wie schon gezeigt wurde, kann ein Schmitt-Trigger mit Mindestfunktion oder mit größerer Funktion schalten. Bei Mindestfunktion ist nach erfolgtem Schalten T2 nicht übersteuert, die Hysterese daher null. Wird der Transistor T2 hingegen übersteuert, so muß beim Zurückschalten zuerst die Übersteuerung abgebaut werden, der Schalter besitzt eine Hysterese. Die Größe der Hysterese wird durch die Funktion

$$\kappa(R_{T2})$$

bestimmt. Die Hysterese kann über alle Grenzen wachsen, wenn

$$\kappa$$

unendlich groß wird. Wählt man beim I_{B1}-Betrieb anstelle eines Eingangsstromes eine Eingangsspannung, so ist mit der Festlegung der Widerstände auch die Größe der Hysterese festgelegt. Sie kann nur durch zusätzliche Schaltglieder beeinflußt werden. Für den I_{B1}-Betrieb ist der Schaltvorgang in Abb. 54 schematisch dargestellt.

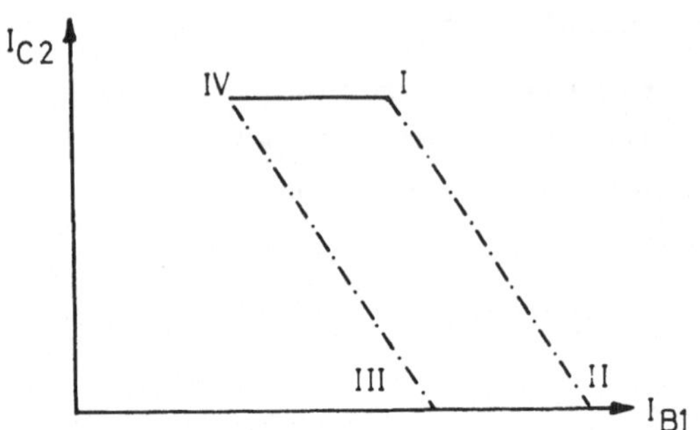

Abb. 54 Schematische Darstellung des Schaltvorgangs für den I_{B1}-Betrieb

Die Schaltpunkte I, II, III und IV werden nach den vorhergehenden Kapiteln folgendermaßen berechnet:

I:

$$I_{B1} = AU$$

(siehe auch Abb. 27)

II: Die Veränderung von I_{B1} wird durch die Funktion

$$I_{B1} = K_1 + I_{B1M}$$

beschrieben. Der Basisstrom im Punkt II ist daher:

$$I_{B1} = K_1(\infty) + C$$

III: Bei sinkendem Strom muß die Übersteuerung von Transistor T2 abgebaut werden:

$$I_{B1} = \frac{(1)R_4}{(8)R_3R_E - B(9)R_4}$$

IV: Erfolgt der Schaltvorgang bei fallendem Eingangsstrom mit der Funktion

$$I_{B1} = K_2 + I_{B1M}$$

so gilt für den Schaltpunkt IV

$$I_{B1} = K_2(R_R) + I_{B1M}(R_R)$$

Erfolgt die Schaltung in beiden Richtungen mit Mindestfunktion, so ist die Differenz I-IV und II-III identisch null.
Wird beim I_{B1}-Betrieb mit einer Eingangsspannung gearbeitet, so erhält man nur zwei Schaltpunkte (Abb. 55)

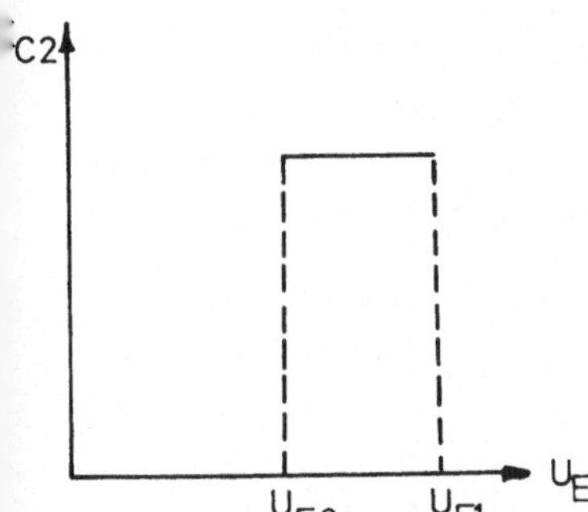

Abb. 55 Schaltverhalten des Schmitt-Triggers mit einer Eingangsspannung im I_{B1}-Betrieb

Die Berechnung der Schaltpunkte erfolgt nach den Angaben der vorhergegangenen Kapitel:

$$U_{E1} = AU(R_{B2}+R_E+BR_E) - \frac{U}{R_2} R_E$$

und

$$U_{E2} = I_{B1}(R_{T2}=\infty)(R_{B2}+R_E+BR_E)$$

Die Differenz beider Beziehungen ergibt die Hysterese

$$U_{E1}-U_{E2} = (R_{B2}+R_E+BR_E)[AU - I_{B1}(R_{T2}=\infty)] - \frac{U}{R_2} R_E$$

Für den Ua- und den Ub-Betrieb können ähnliche Beziehungen abgeleitet werden.

4.4.2 DIE SCHALTZEIT

Unter der Schaltzeit versteht man jene Zeit, die ein Schalter benötigt, um seinen Schaltzustand zu verändern. Die Schaltzeit ist von drei Größen abhängig:

a) von der Schaltgeschwindigkeit der verwendeten Transistoren,
b) von der Größe der in der Schaltung vorhandenen Streukapazitäten und Streuinduktivitäten,
c) von der Größe der Funktion

$$K(R_{T2})$$

Es ist zunächst anschaulich klar, daß der Schaltvorgang umso schneller vor sich geht, umso größer R_{T1} und R_{T2} verändert wird. Für Schalter, die sehr schnell arbeiten sollen, wird man daher die Hysterese sehr groß wählen.

Der verzögerungsfreie Schalter wird durch zwei Funktionen beschrieben:

$$R_{T1} = f(R_{T2}) \qquad R_{T2} = \varphi(R_{T1})$$

Beide Funktionen sind unabhängig voneinander. Wird die Umkehrfunktion von

$$f(R_{T2})$$

durch das Zeichen

$$f^{-1}(R_{T1})$$

beschrieben, so gilt die Ungleichung

$$f^{-1}(R_{T1}) \neq \varphi(R_{T1})$$

In graphischer Darstellung ergeben die beiden Funktionen Kurven, die nicht identisch sind (Abb. 56). Erfolgt der Schaltvorgang jedoch in einer endlich großen Zeit, so muß zu jedem Zeitpunkt einem Wert von R_{T1} ein Wert R_{T2} entsprechen. Die beiden Kurven in Abb. 56 gehen in eine einzige über (Abb. 57). Formal lässt sich diese Kurve durch Berechnung der Funktionen

$$R_{T1} = f(R_{T2}, t) \qquad R_{T2} = \varphi(R_{T1}, t)$$

bestimmen. In der Praxis sind diese Funktionen jedoch meist nicht bekannt, eine exakte Bestimmung der Schaltzeit ist daher unmöglich.

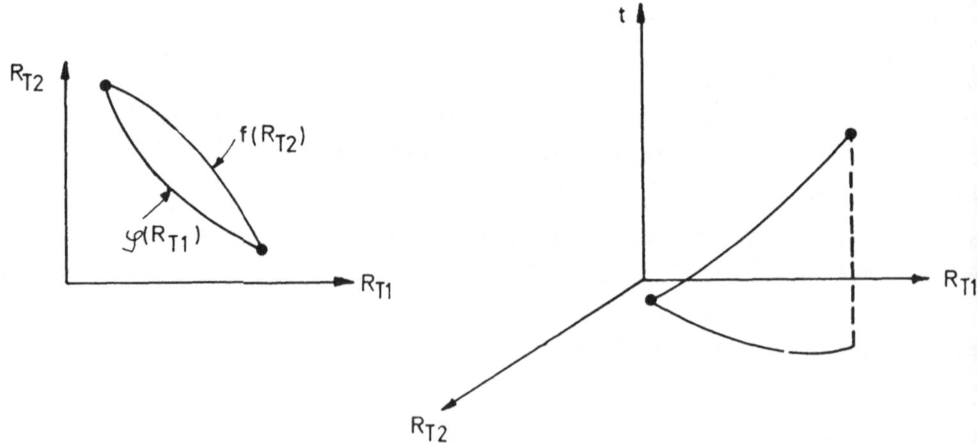

Abb. 56 Der Verlauf der Funktion $f(R_{T2})$ und (R_{T1}) (Schematische Darstellung)

Abb. 57 Räumliche Darstellung des Schaltverlaufs

Die Berechnung beziehungsweise Abschätzung des Schaltverlaufes kann auf zwei Arten durchgeführt werden: mit Hilfe eines analogen Rechenmodells oder mit numerischen Methoden. Wegen der weitgehenden Unbestimmtheit der Verzögerungsfunktionen ergibt die analoge Methode weitaus anschaulichere Ergebnisse.

Für einen autonomen Schalter ist die Rechnung weitaus einfacher, die analoge Methode wird daher zuerst an einem autonomen Schalter demonstriert, für den die Gleichung

$$\operatorname{sgn}\left(\frac{dR_{T1}}{dR_{T2}}\right) = \operatorname{sgn}\left(\frac{dR_{T2}}{dR_{T1}}\right)$$

gilt. Für verzögerungsfreies Schalten ergibt sich demnach ein Blockschaltbild nach Abb. 58. Schaltet der Trigger jedoch in endlicher Zeit, so tritt anstelle von Abb. 62 das Blockschaltbild Abb. 59.

Die Verzögerungsglieder können durch die Funktion

$$R_{T1} = f(R_{T2})(A - B\exp(-\frac{t}{t_o}))$$

definiert werden. Die Blockschaltung Abb. 59 lässt sich mit Hilfe eines Analogrechners nachbilden. Als Verzögerungsglieder werden RC-Kombinationen verwendet (Abb. 64).

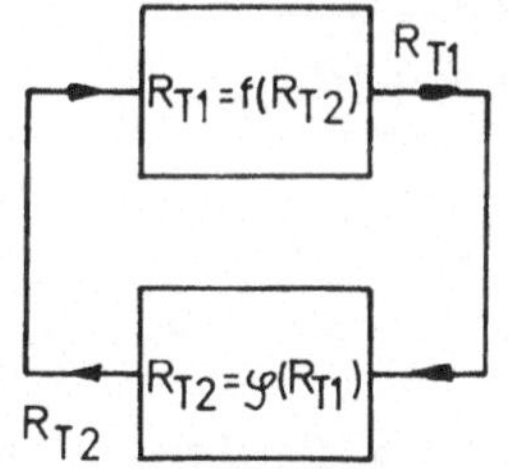

Abb. 58 Blockschaltbild für einen verzögerungsfreien autonomen Schalter

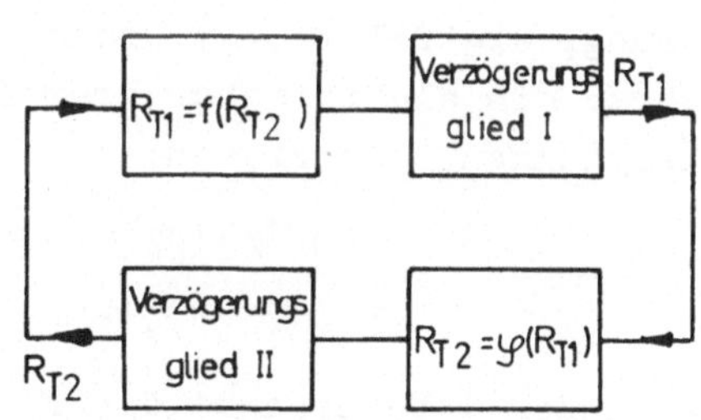

Abb. 59 Blockschaltbild für einen autonomen Schalter mit endlicher Schaltzeit

In Abb. 60 werden folgende Symbole benutzt:

Divisionsschaltung	U_1, U_2 → ◇ → U	$\frac{U_1}{U_2} = U$
Addierschaltung	U_1, U_2 → ▷ → U	$U_1 + U_2 = U$

Multiplizierschaltung $U_1, U_2 \rightarrow \square \rightarrow U$ $U_1 \cdot U_2 = U$

Mit Hilfe eines Schreibers können die Funktionen

$R_{T1} = R_{T1}(t)$ und $R_{T2} = R_{T2}(t)$

geschrieben werden.

Steht ein großer Analogrechner zur Verfügung, so kann man die Größen

a_{ik} und b_{ik}

durch die im Trigger verwendeten Widerstände bilden. Durch entsprechende Dimensionierung des RC-Verzögerungsgliedes erhält man eine Dehnung der Zeitachse. Durch Vergleich der vom Schreiber aufgezeichneten Kurven mit dem an einem Oszillographen sichtbar gemachten Schaltverhalten des Triggers kann das simple RC-Verzögerungsglied verbessert und die tatsächliche Verzögerungsfunktion ermittelt werden.

Den meisten Entwicklungsingenieuren steht jedoch kein großer Analogrechner zur Verfügung. Es gibt jedoch eine Behelfslösung, die billig ist und ebenfalls zu guten Resultaten führt: ein elektrischer Vierpol wird durch folgende Gleichungen beschrieben:

$$U_1 = c_{11} U_2 + c_{12} I_2$$

$$I_1 = c_{21} U_2 + c_{22} I_2$$

Der Index 1 bezeichnet die Eingangsgrößen, der Index 2 die Ausgangsgrößen. Beide Gleichungen zusammengefasst ergeben die Beziehung

$$R_1 = \frac{c_{11} R_2 + c_{12}}{c_{21} R_2 + c_{22}}$$

mit

$$R_1 = \frac{U_1}{I_1} \qquad R_2 = \frac{U_2}{I_2}$$

Diese Gleichung ist identisch mit den Gleichungen, die den autonomen Schalter beschreiben. Es müssen Vierpole gesucht werden, die mit den charakteristischen Größen des Triggers

a_{ik} b_{ik}

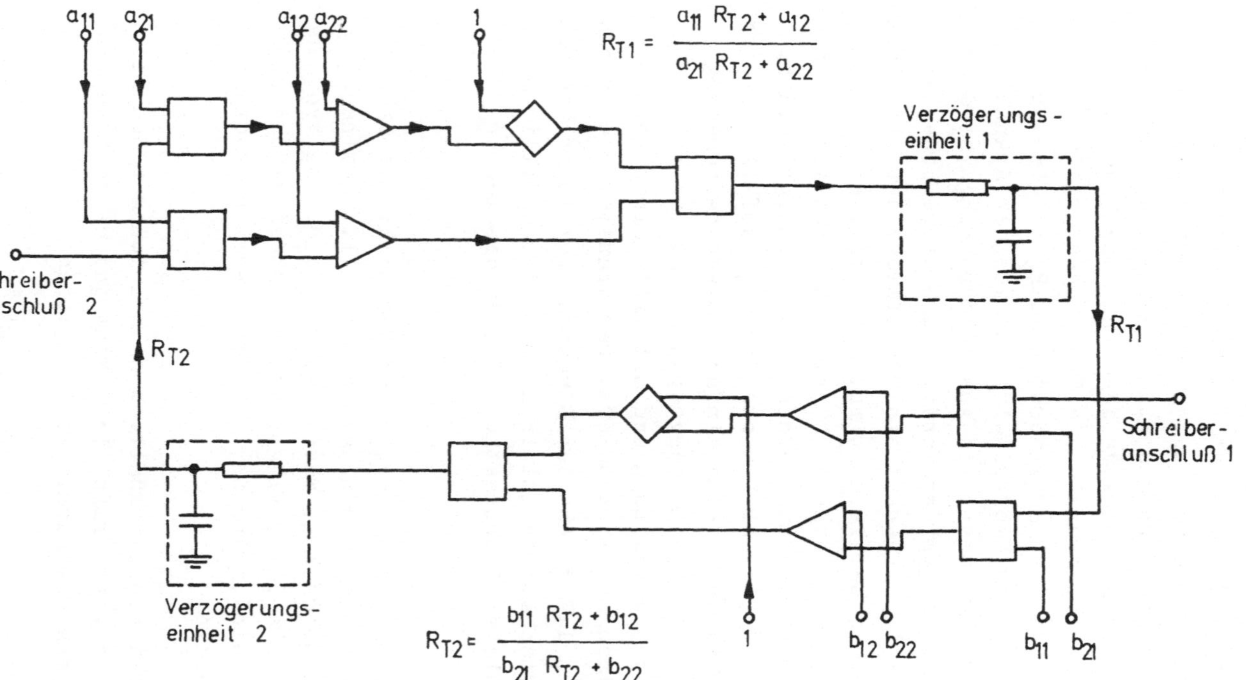

Abb. 60 Vereinfachtes Blockschaltbild für die analoge Berechnung des Schaltvorgangs bei einem autonomen Schalter

übereinstimmen. Diese Methode hat jedoch den Nachteil, daß nicht wie beim Analog-Rechnen die Werte R_{T1} und R_{T2} als Spannungen auftreten sondern als Widerstandswerte. Ein RC-Glied ist jedoch eine Spannungsverzögerung, die Widerstandswerte müssen daher in proportionale Spannungen umgeformt werden. Das Umformen des Ausgangswiderstandes R_2 in eine Spannung ist relativ einfach: dem Vierpol wird ein von der Spannung unabhängiger Strom entnommen. Die Ausgangsspannung ist dann proportional dem Ausgangswiderstand. Werden keine hohen Anforderungen gestellt, so genügt ein Transistor, der mit einem konstanten Basisstrom betrieben wird. Beim Umformen der Eingangsspannung in einen Widerstandswert kann prinzipiell genau so vorgegangen werden. Es muß jedoch berücksichtigt werden, daß an der Emitter-Kollektor-Strecke Spannung abfällt. Dieser Spannungsabfall wird durch eine einfache Spannungsregelung kompensiert (Abb. 61). Die Eingangsspannung am Vierpol wird mit der Sollspannung verglichen und mit Hilfe eines Regelgliedes die Differenz auskompensiert. Der Transistor am Eingang des Vierpols sorgt dafür, daß der Eingangsstrom immer konstant bleibt. Die Gesamtschaltung ist in Abb. 62 dargestellt. Bei der vereinfachten analogen Rechenmethode fallen die teuren Multipliziergliedер weg.

Die beiden Methoden haben jedoch einen Nachteil: Die Größen R_{T1} und R_{T2} werden durch Spannungen dargestellt. Zumindest ein Widerstand, nämlich R_{T2}, wächst während des Schaltvorgangs über alle Grenzen. Da die verfügbaren Spannungen jedoch nach oben hin begrenzt sind, kann nur ein Teil des Schaltvorgangs nachgebildet werden.

Die Nachbildung des Schaltverhaltens nichtautonomer Schalter ist weitaus aufwendiger. Prinzipiell kann jedoch genauso wie in Abb. 60 vorgegangen werden. Die Funktionen

$$R_{T1} = R_{T1}(t) \quad \text{und} \quad R_{T2} = R_{T2}(t)$$

werden berechnet. Sie sind beim I_{B1}-Betrieb abhängig von der Größe

$$I_{B1} = I_{B1M} + K$$

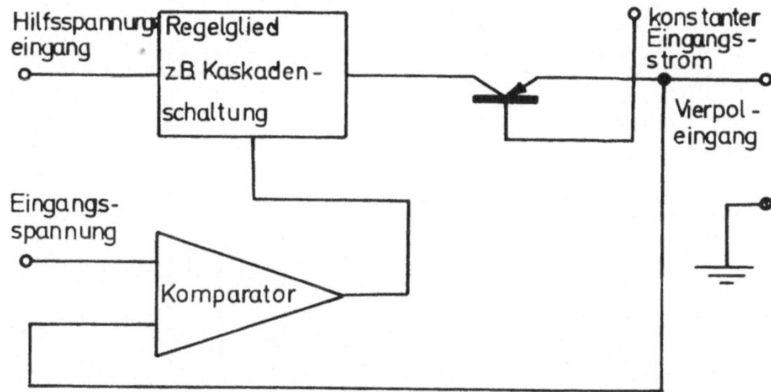

Abb. 61 Regelschaltung zur Umwandlung einer Spannung in einen proportionalen Eingangswiderstand

Für die Nachbildung dieser Funktion muß ein entsprechender Generator gebaut werden. Für den I_{B1}-Betrieb ist I_{B1} von I_{C2} abhängig. Das analoge Modell wird für diesen Fall sehr aufwendig. Sowohl digitale als auch analoge Rechenmaschinen haben jedoch den Vorteil, daß nach Aufstellen des Programms alle weiteren auftretenden Fälle in kürzester Zeit analysiert werden können. Verläßt man sich jedoch auf den Rechenstab, so muß bei jedem neuen Problem mit der Rechnung von vorne begonnen werden. Zu Beginn dieses Kapitels wurde erwähnt, daß die Schaltgeschwindigkeit von der Funktion

$$K = K(R_{T2})$$

abhängt. Je größer diese Funktion ist, desto schneller wird der Schaltvorgang ablaufen. Die schnellstmögliche Schaltzeit wird durch die Schaltzeit des Transistors bestimmt. Die Schaltzeit des Transistors ist folgendermaßen definiert: über die Basis-Emitter-Strecke fließt zuerst kein Basisstrom. Der Transistor ist gesperrt. Zu einem bestimmten Zeitpunkt wird der Basisstrom sprungartig auf einen sehr hohen Wert gebracht. Der Transistor benötigt eine bestimmte Zeit, bis der Kollektorstrom den Maximalwert erreicht. In der gegebenen Definition ist diese Verzögerung unabhängig von der Größe des Kollektorstroms. Weiters soll angenommen werden, daß der zu untersuchende Schmitt-Trigger aus zwei vollkommen identischen Transistoren aufgebaut ist. Bei Erreichen des kritischen Punktes ändert sich R_{T1} so stark, daß der Basisstrom von T2 so weit herabgesetzt wird, daß T2 sperrt.

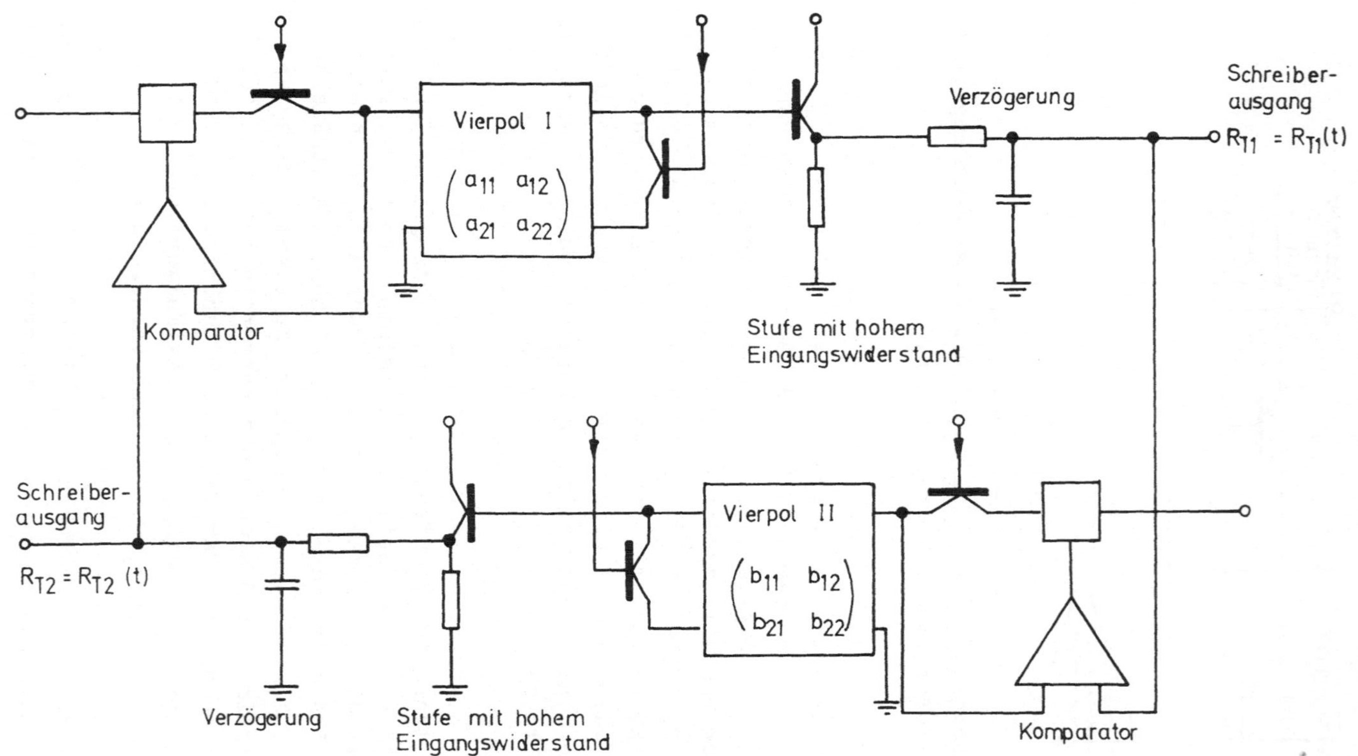

Abb. 62 Analoge Berechnung des Schaltvorgangs mit Vierpolen

Der Schaltvorgang wird dann beendet sein, wenn T2 T1 verändert hat. Die Schaltgeschwindigkeit eines Schalters ist daher immer niedriger als die Schaltgeschwindigkeit der einzelnen Transistoren. Größenordnungsmäßig ist die Verzögerungszeit des Schaltvorgangs unter den günstigsten Bedingungen um etwa den Faktor 2 niedriger als die Verzögerungszeit des einzelnen Transistors. In der Praxis wird dieser Faktor noch weitaus größer sein, da der Idealfall, wie er oben beschrieben wurde, nicht realisierbar ist.

Die Berechnung beziehungsweise Abschätzung der Schaltzeit mit numerischen Methoden befindet sich derzeit noch im Anfangsstadium. Die Schwierigkeit der numerischen Methode liegt darin, daß eine Anzahl von Grundannahmen getroffen wird, auf die die Rechnung basiert. Die Übereinstimmung der Annahmen mit den physikalischen Gegebenheiten kann bis jetzt noch nicht erreicht werden. Die Einführung eines numerischen Rechenschemas würde jedoch viele bisher ungelöste Probleme lösen. Ein Beispiel dafür ist der quantitative Zusammenhang zwischen Hysterese und Schaltgeschwindigkeit.

Obwohl keine quantitativen Ergebnisse für die Beziehung Hysterese und damit Überfunktion

$$K(R_{T2})$$

in Abhängigkeit von der Schaltzeit vorliegen, kann der Zusammenhang an einem vereinfachten Modell dargestellt werden: Transistor T1 ändert innerhalb des aktiven Bereichs seinen Widerstand sprungartig um den Wert

$$\Delta R_{T1}$$

Beim verzögerungsfreien Schalter würde eine Änderung von R_{T1} sofort eine Änderung von R_{T2} zur Folge haben. Beim realen Transistor hingegen ändert sich R_{T2} nur relativ langsam. Dieser Vorgang kann aber auch noch anders ausgelegt werden: Transistor T2 soll ein idealer Transistor sein. T1 soll seinen Widerstand stetig ändern:

$$\Delta R_{T2} = \frac{d\varphi(R_{T1})}{dR_{T1}} \Delta R_{T1} (1 - \exp(-\frac{t}{t_o}))$$

Im weiteren Verlauf des Schaltvorgangs verändert R_{T2} wiederum R_{T1}. Die Änderung von R_{T1} lautet:

$$\Delta R_{T1} = \frac{\partial f(R_{T2},t)}{\partial R_{T2}} \Delta R_{T2} + \frac{\partial f(R_{T2},t)}{\partial t} \Delta t$$

Bei diesem Punkt wird der Schaltvorgang unterbrochen. Für das Zeitintervall Δt gilt dann:

$$\Delta t = \frac{1}{\frac{\partial}{\partial t} f(R_{T2},t)} \Delta R_{T1} [1 - \frac{\partial f(R_{T2},t)}{\partial R_{T2}} \cdot \frac{d\varphi(R_{T1})}{dR_6} (1 - \exp(- \frac{t}{t_o})))]$$

Δt ist von den Größen

$$\frac{df(R_{T2})}{dR_{T2}} \qquad \frac{d\varphi(R_{T1})}{dR_{T1}}$$

abhängig. Je größer ihr Wert ist, desto kleiner wird das Zeitintervall sein, desto schneller wird der Schaltvorgang ablaufen.

4.5 SPEZIELLE SCHMITT-TRIGGER-SCHALTUNGEN

4.5.1 VERRINGERUNG DER SCHALTZEIT DURCH HINZUSCHALTEN EINES KONDENSATORS

Im vorhergehenden Kapitel wurde besprochen, daß die Schaltzeit umso kleiner ist, je größer die Beträge der Funktionen

$$\frac{dR_{T1}}{dR_{T2}} \quad \text{und} \quad \frac{dR_{T2}}{dR_{T1}}$$

sind. Um die Schaltgeschwindigkeit zu erhöhen und um gleichzeitig die Hysterese nicht zu verändern, kann man folgende Überlegung durchführen: der Schaltvorgang läuft sehr schnell ab und ist daher ein relativ hochfrequenter Vorgang. Die Hysterese wird jedoch vom Gleichstromverhalten des Schalters bestimmt. Schaltet man parallel zum Widerstand R_3 (Abb. 63) einen Kondensator C, so wird zwar die Schaltzeit erniedrigt, die Hysterese wird jedoch nicht beeinflußt.

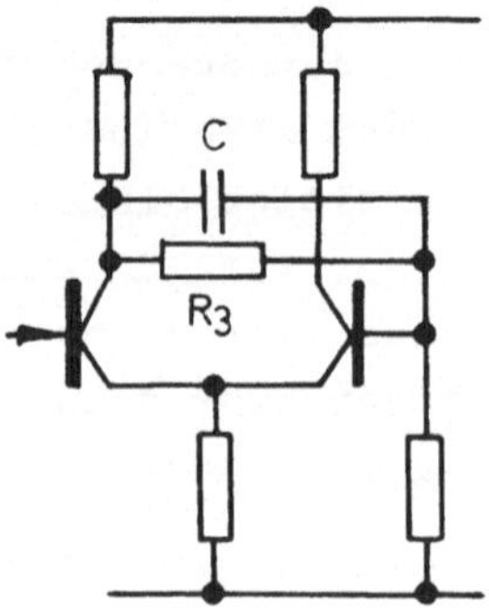

Abb. 63
Verkleinerung der Schaltzeit durch Hinzuschalten eines Kondensators

4.5.2 DOPPEL-SCHMITT-TRIGGER ZUR VERKLEINERUNG DER HYSTERESE

Wie in den vorhergehenden Kapiteln gezeigt wurde, hat eine hohe Schaltgeschwindigkeit eine große Hysterese zur Folge. Weisz [9] schlug vor, mit Hilfe von zwei Triggern die Hysterese zum Verschwinden zu bringen und trotzdem hohe Schaltgeschwindigkeiten zu erzielen: die beiden Schmitt-Trigger sind mit einem Verzögerungsglied miteinander verbunden. Trigger 1 schaltet bei Eintreffen eines bestimmten Signals mit großer Geschwindigkeit. Der Schalttransistor T2 von Trigger 1 wirkt mit Verzögerung auf den Eingangstransistor von Trigger 2 (Abb. 64). Beide Trigger besitzen einen gemeinsamen Emitterwiderstand. Nach Sperren von Transistor T4 sinkt der Spannungsabfall am gemeinsamen Emitterwiderstand. Durch entsprechende Dimensionierung des Potentiometers kann man erreichen, daß die Hysterese verschwindet, obwohl K groß ist.

Die Funktionsweise der Schaltung ist in Abb. 65 dargestellt. Übersteuerung herrscht dann, wenn der Spannungsabfall an R_E größer als der Spannungsabfall an R_4 ist. Der Strom, der über den Emitterwiderstand fließt, setzt sich aus zwei Komponenten zusammen: aus BI_{B1} und dem Fremdstrom I, der von Transistor T4 geliefert wird. Der Gesamtstrom über den Emitterwiderstand ist bei genügend hohem B

$$BI_{B1} + I$$

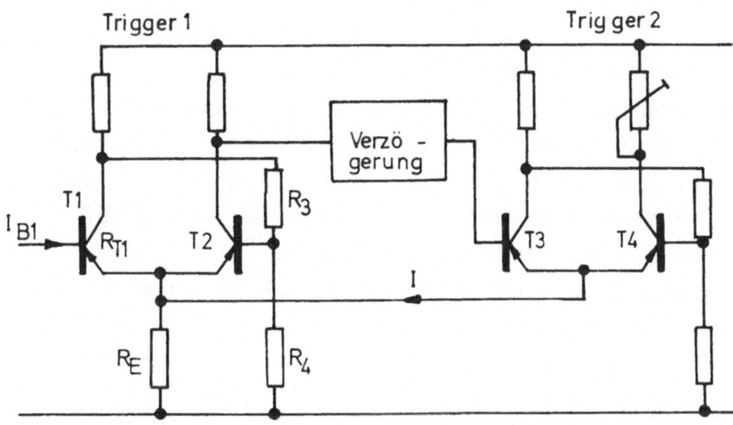

Abb. 64 Doppel-Schmitt-Trigger

Sperrt Transistor T4, so wird I null, der Spannungsabfall an R_E sinkt. Stellt man am Potentiometer den Strom so ein, daß

$$IR_E$$

gleich groß der Übersteuerung ist, erhält man einen Schalter mit der Hysterese null. Der Nachteil eines solchen Schalters ist es jedoch, daß die zeitliche Differenz zwischen Ein- und Ausschalten nie kleiner als die Verzögerungszeit werden darf.

Anstelle eines zweiten Schmitt-Triggers kann jedoch nur ein einzelnen Transistor verwendet werden (Abb. 66).

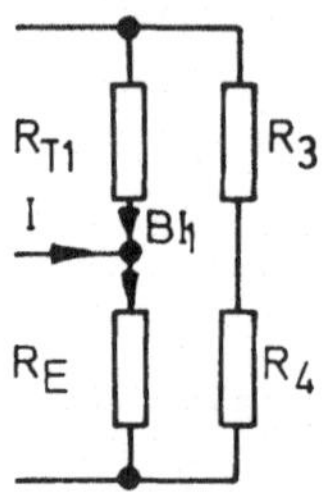

Abb. 65 Schematische Darstellung der Übersteuerung von T2

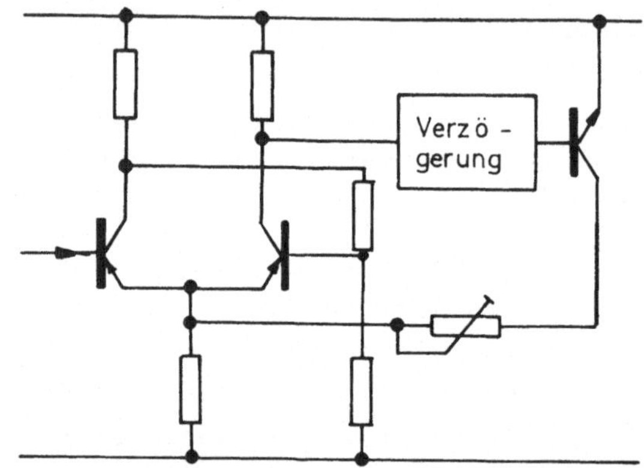

Abb. 66 Vereinfachung der Schaltung Abb. 61

4.5.3 VERÄNDERUNG DER HYSTERESE IM Ub-BETRIEB

Beim Ub-Betrieb wird nur eine einzige Spannungsquelle verwendet [7] (Abb. 50). Dadurch hat dieser Schalter technische Bedeutung erlangt. Der in Abb. 50 dargestellte Schalter besitzt jedoch einen großen Nachteil: man kann wie bei allen anderen Triggerarten die Einschaltspannung durch Verändern der Widerstandswerte R_5 und R_6 verstellen, die Ausschaltspannung hingegen kann nicht eingestellt werden. Eine weitere Bedingung, die an den Schalter gestellt wurde, war folgende: beide Spannungswerte sollen unabhängig voneinander verändert werden. Diese beiden Bedingungen wurden durch zwei zusätzliche Transistoren erfüllt (Abb. 67).

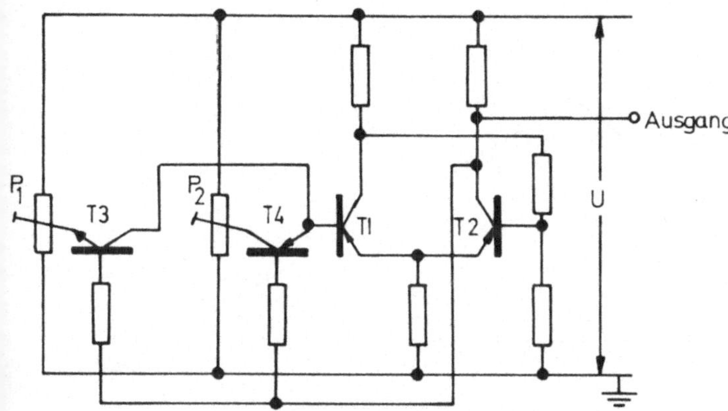

Abb. 67 Trigger im Ub-Betrieb mit veränderlicher Einschaltspannung und veränderlicher Hysterese

Wächst die Eingangsspannung von null beginnend, so sind zunächst die beiden Transistoren T1 und T2 gesperrt, da ein Transistor aus Sperrschichten besteht und die Sperrschichten eine Mindestspannung benötigen, um leitend zu werden. Setzt man voraus, daß der kritische Punkt erst bei Spannungen auftritt, bei denen beide Transistoren bereits in der Lage sind zu leiten, so leitet zunächst Transistor T2, als Folge davon leitet T3, während T4 sperrt. Der Basisstrom von T1 wird durch das Potentiometer P1 bestimmt. Mit diesem Potentiometer kann der Einschaltpunkt eingestellt werden. Erreicht die Spannung U den Schaltpunkt, kippt der Trigger, T2 sperrt und als Folge sperrt T3 und T4 leitet. Sinkt nun die Spannung, so wird der Basisstrom von T1 durch Potentiometer P2 bestimmt. Einschalt- und Ausschaltpunkt können an zwei verschiedenen Potentiometern eingestellt werden und sind unabhängig voneinander (Abb. 68).

Die Miniaturisierung ermöglichte es, durch Verwendung extrem kleiner Potentiometer die Schalteinheit auf kleinstem Raum unterzubringen. Der gesamte industriell gefertigte Baustein besitzt etwa die Ausmaße: 3x1, 5x1,5 cm. Er findet vor allem Verwendung in der Regeltechnik, der Digitaltechnik und als Spannungsdiskriminator (Abb. 69 und 70).

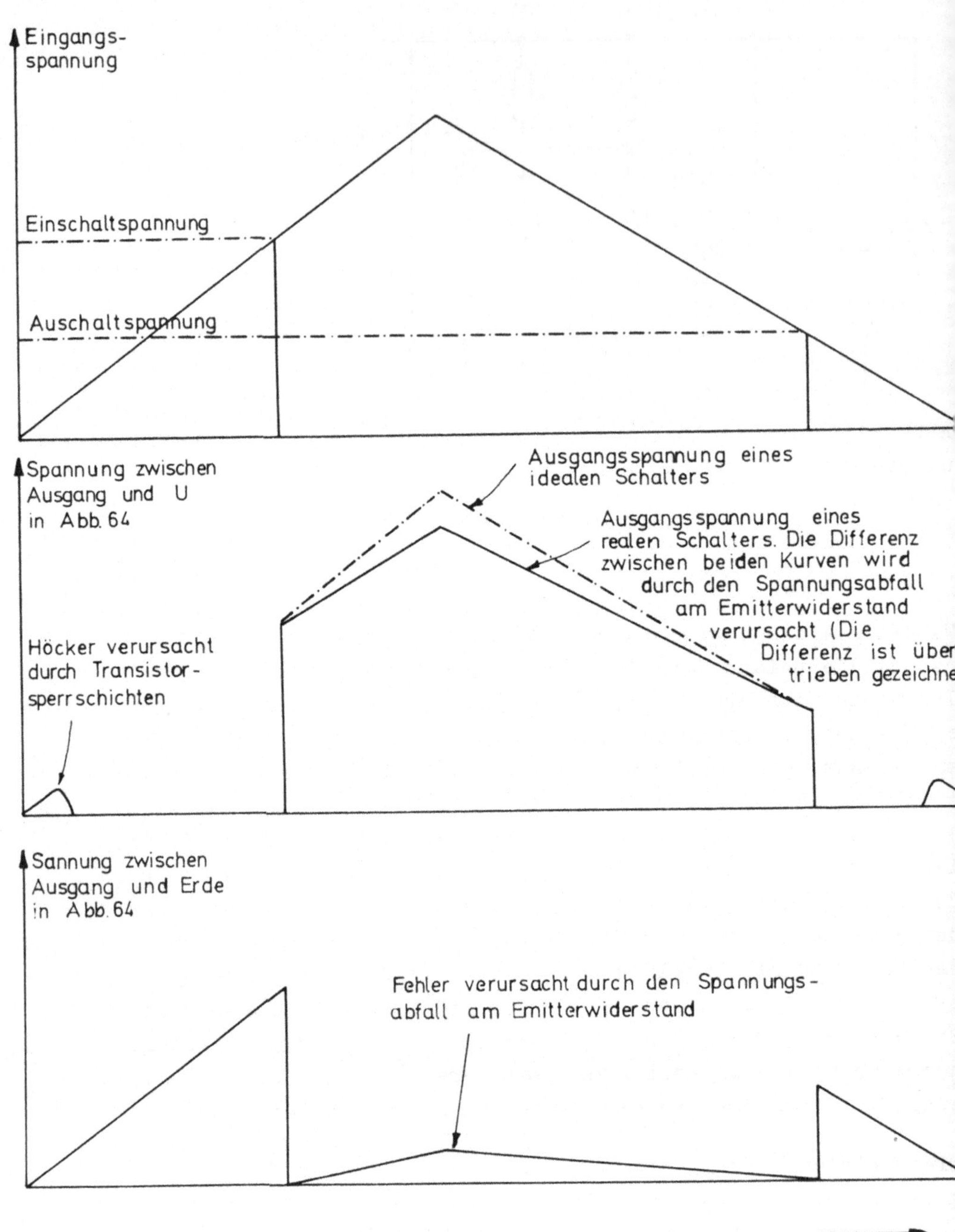

Abb. 68 Ein- und Ausgangsspannung beim Ub-Betrieb mit veränderlicher Hysterese

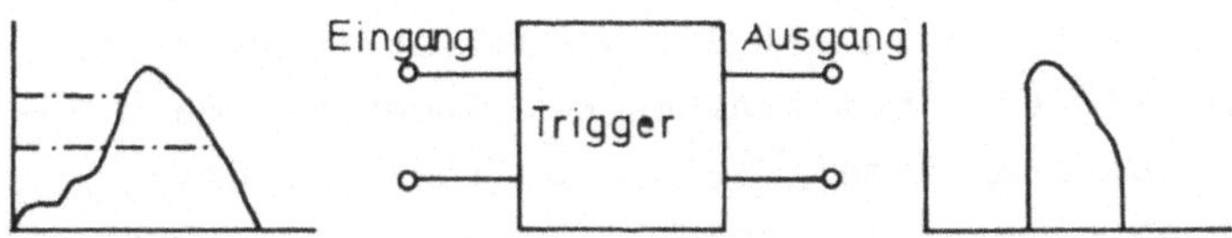

Abb. 69 Ub-Schalter als Spannungsdiskriminator

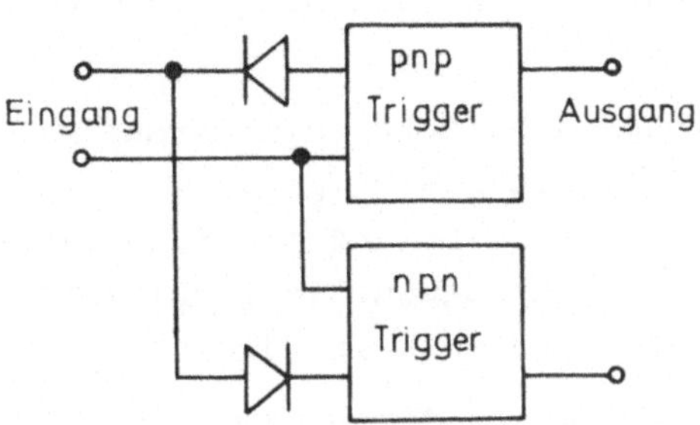

Abb. 70 Zwei komplementäre Ub-Trigger als Dreipunktschalter

Da beide Schaltpunkte unabhängig voneinander eingestellt werden können, ist es auch prinzipiell möglich, die Hysterese negativ einzustellen. Bei negativer Hysterese ist der Einschaltpunkt niedriger als der Ausschaltpunkt. Zwischen Einschalt- und Ausschaltpunkt ist der Trigger instabil (Abb. 71).

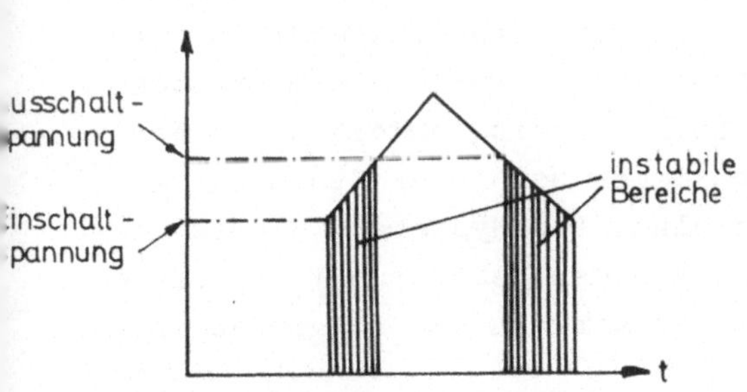

Abb. 71 Instabilitäten bei negativer Hysterese bei Dreiecks-eingangsspannung

Mit Hilfe der raschen Aufeinanderfolge von Ein- und Ausschalten kann die Schaltverzögerung an einem Oszillographen sichtbar gemacht werden. Mit Hilfe des am Leuchtschirm abgebildeten Schaltverlaufs kann man die Verzögerungsfunktionen am Analogrechner nachbilden, beziehungsweise die dreidimensionale Kurve nach Abb.61 direkt aufnehmen.

Bei der Betrachtung des Ausgangssignals des Triggers in Abb.65 fällt auf, daß es nicht gleich dem Eingangssignal ist. Der Fehler wird durch den Spannungsabfall am Emitterwiderstand verursacht:

$$I_{C1} R_E + I_{C2} R_E$$

Sowohl I_{C1} als auch I_{C2} wird bei steigender Spannung größer, der Ausgangsfehler steigt mit zunehmender Spannung. Beim Ub-Betrieb wird es daher notwendig sein, möglichst niedrige Emitterwiderstandswerte zu verwenden. Dieser Fehler wirkt sich jedoch nur bei einer Filterschaltung aus, bei Regalschaltungen spielt eine Abweichung des Ausgangssignals vom Eingangssignal keine Rolle.

Bei der Konstruktion eines solchen Schalters soll darauf geachtet werden, daß R1 und R2 möglichst gleich groß sind. Das ist deshalb wichtig, da der Eingangswiderstand des Schalters immer konstant sein soll, um die Spannungsquelle nicht verschieden zu belasten und das Meßergebnis zu verfälschen.

Will man einen Schalter mit negativer Differenz zwischen Einschalt- und Ausschaltpunkt konstruieren, der stabil arbeitet, muß man drei Trigger miteinander verkoppeln. Trigger 1 (Abb.72) arbeitet mit negativer Hysterese. Erfolgt die erste Schaltung bei steigender Spannung, so bewirkt Transistor T8, daß der Schaltpunkt hinaufgesetzt wird, die Hysterese des Schalters nach erfolgtem Schalten daher positiv ist. Erst nach erfolgtem Schalten von Trigger 2 wird der Zustand der negativen Hysterese wieder hergestellt. Nach erfolgtem Abschalten würde wieder ein instabiler Bereich folgen, da der Trigger wieder in der Lage wäre, sofort wieder einzuschalten. Durch einen dritten Trigger kann auch dieser instabile Bereich unterdrückt werden. Trigger 3 schaltet jedoch immer bei jener Spannung, mit der der erste Schaltprozeß erfolgt. Die Hysterese dieses Schalters muß immer null sein. Für den Schaltpunkt hat dieser Trigger daher keine Bedeutung. Er wird in den folgenden Betrachtungen nicht beachtet.

Die Schaltpunkte von Trigger 1 werden mit

$$U_{1EIN} \text{ und } U_{1\,AUS}$$

bezeichnet, die Schaltpunkte von Trigger 2 hingegen mit

$$U_{2EIN} \text{ und } U_{2AUS}$$

Alle vier Schaltpunkte sind unabhängig voneinander einstellbar. Man kann daher beide Trigger so abstimmen, daß gilt

$$U_{1AUS} = U_{2EIN} = U_{2AUS}$$

Bei steigender Spannung schaltet Trigger 1 bei

$$U_{1EIN}$$

Durch einen zusätzlichen Transistor und einer logischen Schaltung wird verhindert, daß Trigger 1 schwingt. Diese Schaltung ist vergleichbar mit der Schaltung eines Flip-Flops. Steigt die Spannung weiter und erreicht sie den Wert

$$U_{2EIN}$$

kippt Trigger 2 und mit Hilfe der logischen Schaltung löst er die Flip-Flop-Schaltung wieder auf, Trigger 1 kann beim Spannungswert

$$U_{1AUS}$$

abschalten. Der Nachteil dieser Schaltung ist es jedoch, daß drei Schaltpunkte bei zwei verschiedenen Triggern konstant gehalten werden müssen. Durch Aufteilung der Schaltpunkte auf beide Trigger kann dieses Problem weitgehendst gelöst werden. Die Schaltpunkte werden so eingestellt, daß

$$U_{2EIN} = U_{2AUS} \quad \text{und} \quad U_{1AUS} > U_{1EIN}$$

ist. Der Einschaltpunkt wird durch Trigger 1 bestimmt, der Ausschaltpunkt durch Trigger 2. Ein- und Ausschaltpunkt von Trigger 2 müssen in diesem Fall gleich sein.

Stellt man am Trigger 2 den Ausschaltpunkt niedriger als den Einschaltpunkt ein (Hysterese positiv und ungleich 0), so ergibt sich folgende Schaltfunktion: erreicht die Eingangsspannung den Wert

$$U_{1EIN}$$

schaltet Trigger 1. Überschreitet die Eingangsspannung die Schaltspannung von Trigger 2, erfolgt ein Zurückkippen. Ist das nicht der Fall, so bleibt das System im gekippten Zustand.

Zusammenfassend kann somit gesagt werden: für die ersten zwei der oben beschriebenen Betriebsarten mit negativer Hysterese muß die Eingangsspannung zuerst den Wert

$$U_{1EIN}$$

überschreiten und außerdem noch den Wert

$$U_{1AUS}$$

um wieder in den Ausgangszustand zurückzugelangen. Im letzten Fall muß die Spannung außerdem noch den Wert

$$U_{2EIN}$$

überschreiten, der höher als die anderen Schaltpunkte liegt. Die verschiedenen Schaltantworten sind in Abb. 73 und 74 zusammengestellt.

Analog den obigen Überlegungen kann man sich noch überlegen, daß Trigger drei, falls er nicht bei der Spannung

$$U_{1EIN}$$

hystereselos schaltet, die Schaltfunktion weiter komplizieren kann. Ist zum Beispiel

$$U_{3AUS} < U_{1EIN}$$

so muß die Eingangsspannung den Wert

$$U_{3AUS}$$

unterschreiten, damit Trigger 1 wieder in der Lage ist, einzuschalten. Mit Hilfe dieser Überlegungen können komplizierte Schalterprobleme gelöst werden. Im letzten Fall erhält man zum Beispiel einen Schalter mit zwei Nebenbedingungen, die die Eingangsspannung erfüllen muß, um einen Schaltvorgang zu ermöglichen.

4.5.4 DER UNGESÄTTIGTE SCHMITT-TRIGGER

Die folgenden Überlegungen gelten nicht nur für den Schmitt-Trigger, sondern für alle Spannungsschalter. In Abb. 14 wurde die Schaltverzögerung eines reellen Transistors dargestellt. Aus der schematischen Darstellung geht hervor, daß der Transistor beim Abschalten noch einige Zeit im gesättigten Zustand verbleibt und dann erst auf Eingangsspannungs-Änderungen

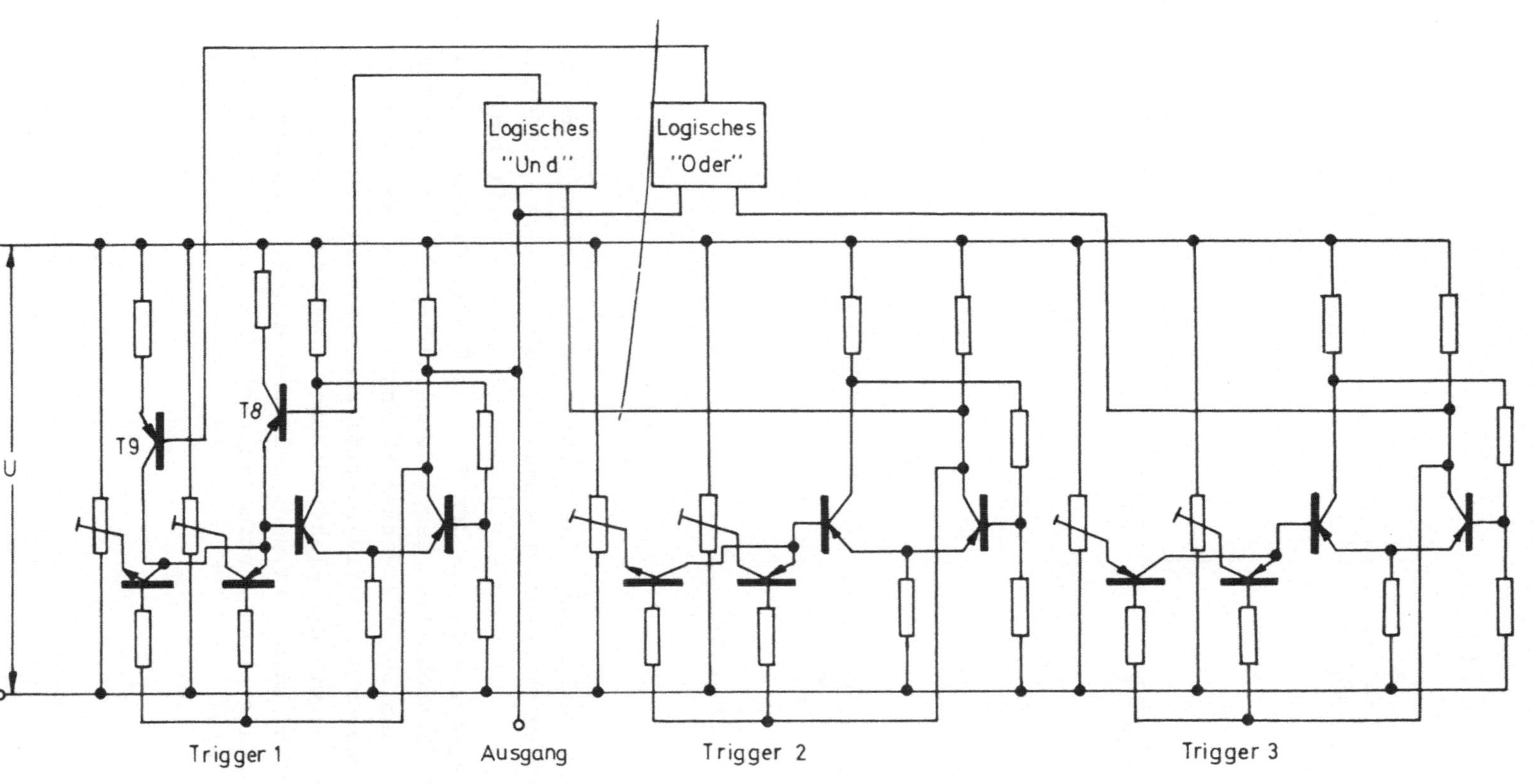

Abb. 72 Schaltung für einen Trigger mit negativer Hysterese. Trigger 2 und 3 verhindern über die beiden logischen Verknüpfungen Instabilitäten.

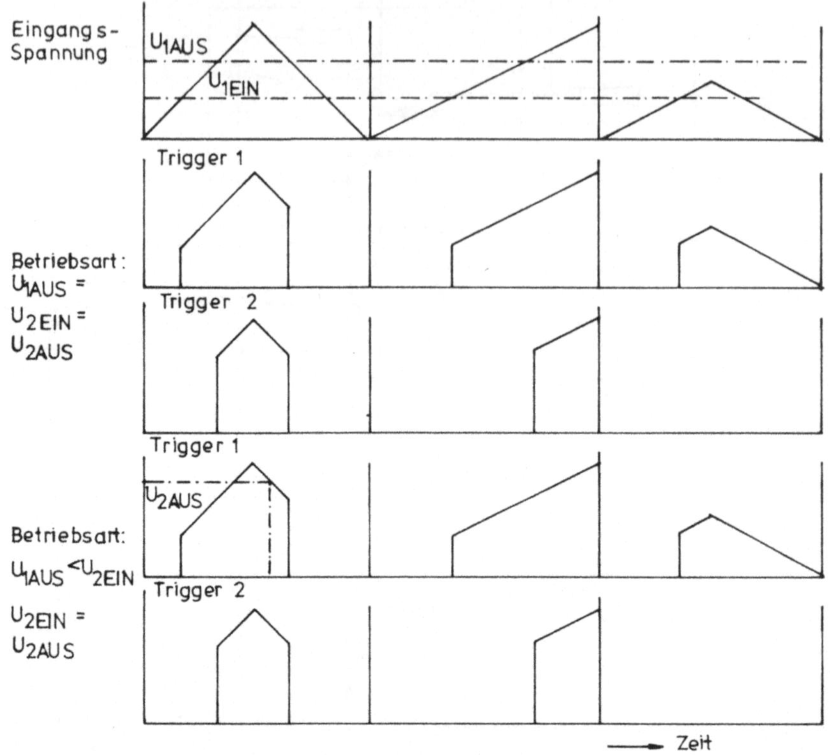

Abb. 73 Schaltfunktionen einer Schaltung nach Abb. 69. Bei der zweiten Betriebsart stellt die strichlierte Linie bei Trigger 1 den Schaltvorgang ohne Anwesenheit von Trigger 2 dar. Aus der dritten Spalte folgt, daß erst bei Überschreiten der Ausschaltspannung ein erneutes Schalten bei steigender Spannung folgen kann. Ein Trigger mit negativer Hysterese arbeitet daher ähnlich wie ein elektronischer Speicher: der Einschaltzustand kann erst dann gelöscht werden, wenn die Spannung einen bestimmten Wert, nämlich U_{1AUS} überschreitet.

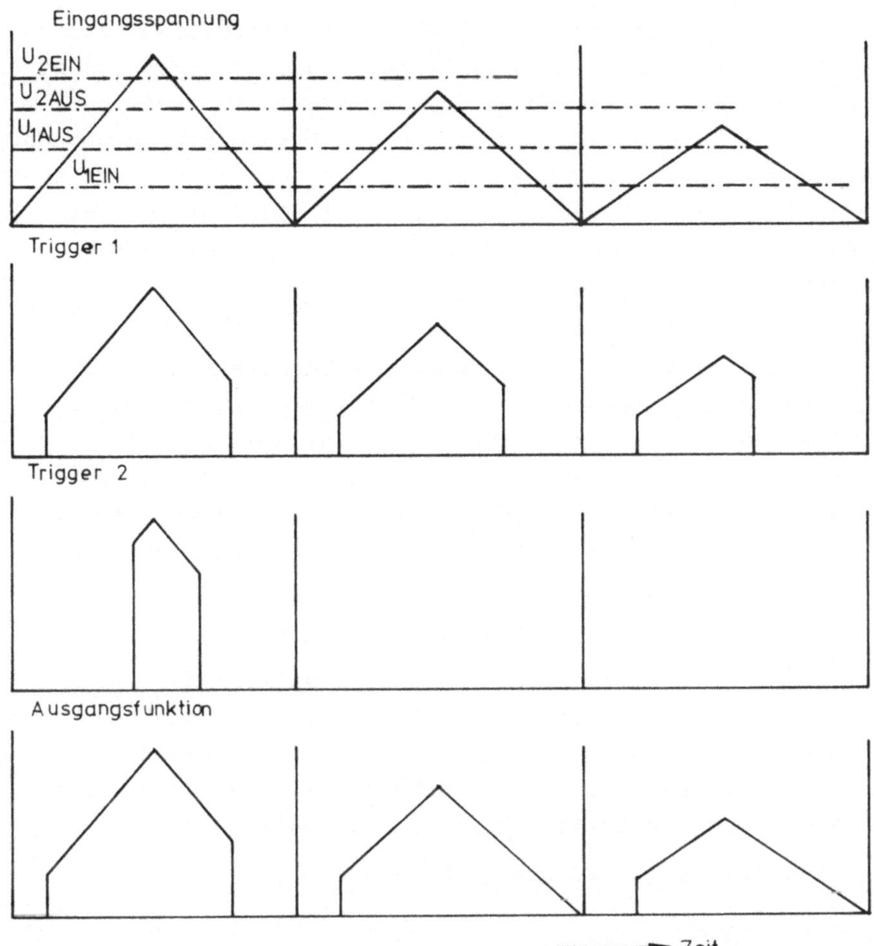

Abb. 74 Trigger mit negativer Hysterese, bei dem alle Schaltspannungen verschieden sind. Die leeren Felder bei Trigger 2 zeigen, daß die Schwellspannung nicht überschritten wird, Trigger 1 daher keine Freigabe zum Zurückschalten bekommt und trotz Absinken der Spannung nicht zurückkippt.

reagiert. Während mit der in Kapitel 4.5.2 angegebenen Methode zur Verkleinerung der Schaltzeit keine schnelleren Schaltzeiten als die durch die Transistorverzögerung bestimmten erreicht werden, soll in diesem Kapitel eine Methode beschrieben werden, die es ermöglicht, direkt die Schaltzeiten des Transistors zu verkürzen [5] . Eine Veränderung der Transistorschaltzeiten ist jedoch nur dann sinnvoll, wenn die Schleifenverstärkung beziehungsweise die Größe

$$\kappa(R_{T2})$$

entsprechend groß ist. Diese Aussage ist identisch mit der Aussage, daß die Hysterese sehr groß ist, wie früher gezeigt wurde. Die Schaltzeit eines Transistors ist umso schneller, je weiter er von der Sättigung entfernt ist. Man versucht daher, den Schaltvorgang vor Erreichen der Sättigung abzubrechen. Bei einem Schmitt-Trigger kann das auf zweierlei Arten geschehen:

a) Der Basisstrom von Transistor T2 wird begrenzt, der "Sättigungswiderstand" ist größer als R_R.

b) Transistor T2 besitzt nicht nur zwei stabile Arbeitspunkte, sondern überstreicht einen instabilen und zwei stabile Bereiche ähnlich wie Transistor T1. Diese Betriebsart entspricht jedoch nicht den in der Einleitung gestellten Bedingungen, daß T2 nur zwei stabile Arbeitspunkte besitzen muß.

Fall a) ist in Abb. 75 schematisch dargestellt.

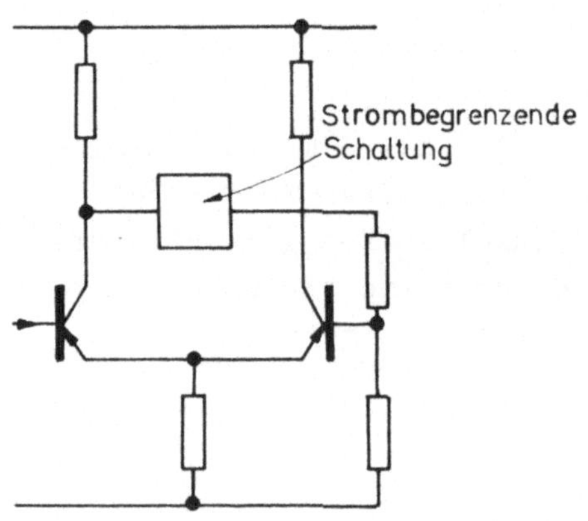

Abb. 75 Schematische Darstellung eines ungesättigten Schmitt-Triggers mit Strombegrenzung von Transistor T2

Diese Methode ist jedoch nicht auf den Ub-Betrieb übertragbar, da ein konstanter Basisstrom einen konstanten Kollektor-Strom zur Folge hat. Das Entscheidende beim Ub-Betrieb ist jedoch, daß der Kollektor-Strom mit der Spannung verändert wird. Für den I_{B1}-Betrieb ist jedoch Abb.75 gültig.

Prinzipiell könnte man bei der praktischen Durchführung der Schaltung von Abb. 75 ausgehen und in den Basisstromkreis von Transistor T2 einen Stromregler einbauen. Diese Methode verbietet sich jedoch wegen der Aufwendigkeit. Es wurde daher vorgeschlagen, anstelle von Widerstand R_3 eine Z-Diode zu verwenden. Die Z-Diode bewirkt, daß bei leitendem Transistor T2 ein Teil der Spannung, die die Übersteuerung von T2 hervorruft, am Widerstand R_1 abfällt. Viel wirksamer ist die in Abb. 76 dargestellte Schaltung. Die Z-Diode im Kollektorkreis hält die Spannung an R_2 konstant. Bei entsprechender Dimensionierung verhindert die Z-Diode, daß T2 in den Sättigungsbereich gelangt.

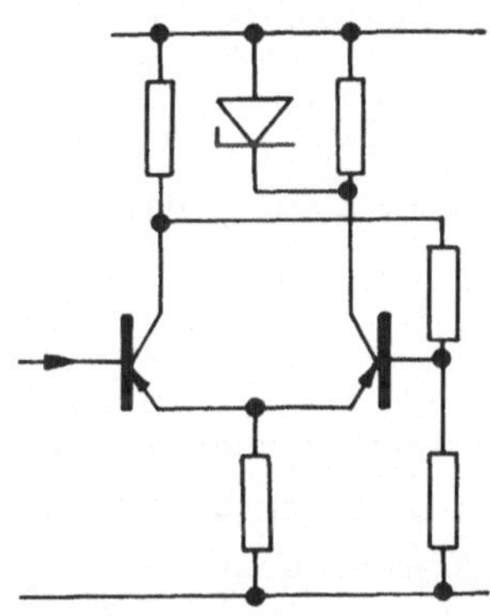

Abb. 76 Schaltbeispiel eines ungesättigten Schmitt-Triggers

Weiters kann noch eine Z-Diode anstelle des Widerstandes R_4 geschaltet werden (Abb. 77). Die Z-Diode verhindert, daß die Basis-Emitter-Spannung und damit der Basis-Emitter-Strom zu groß wird.

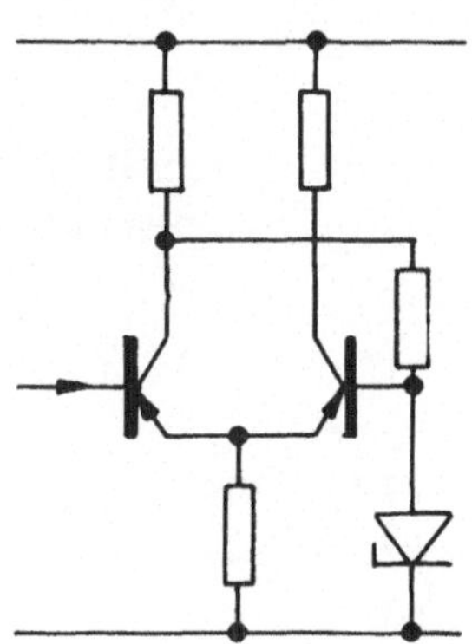

Abb. 77 Ungesättigter Schmitt-Trigger mit Z-Diode anstelle bzw. parallel zu R_4

4.5.5 SCHALTVORGÄNGE, DIE DURCH VERÄNDERN DES EMITTER-WIDERSTANDS HERVORGERUFEN WERDEN

4.5.5.1 ASTABILER SCHMITT-TRIGGER

Unter einem astabilen Schmitt-Trigger versteht man einen Schmitt-Trigger plus einer Zusatzschaltung, die bewirkt, daß der Trigger in kurzen Abständen ein- und ausschaltet, ohne daß von außen Veränderungen vorgenommen werden. In Abb. 76 wurden bereits astabile Bereiche eines Schmitt-Triggers erklärt, die dann entstehen, wenn die Einschaltspannung niedriger als die Ausschaltspannung ist (sogenannte negative Hysterese). Als Zusatzglieder dienen die beiden Schalttransistoren und die beiden Potentiometer. Es ist jedoch möglich, einen Schmitt-Trigger mit Hilfe eines Kondensators zum Schwingen zu bringen, wenn die Hysterese größer als 0 ist [10] .

Ein Schalter wird im I_{B1}-Ausgangsspannungs-Diagramm durch vier Basisströme beschrieben (Abb. 54). Im folgenden werden diese vier Schaltströme mit den Symbolen

$$I_{B1I} , I_{B1II}, I_{B1III} \text{ und } I_{B1IV}$$

bezeichnet. Diesen vier Strömen entsprechen vier verschiedene Spannungsabfälle am Basis-Emitter-Widerstand von Transistor T1. Abb. 58 kann unter der Voraussetzung eines linearen Basis-Emitter-Widerstandes umgezeichnet werden (Abb. 78).

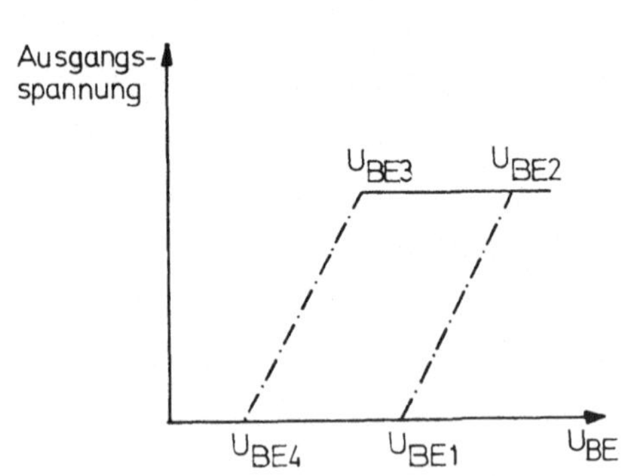

Abb. 78 Basis-Emitter-Spannungsdiagramm von Transistor T1

Abb. 78 ergibt folgenden Sachverhalt: Die Eingangsgröße des Schmitt-Triggers wird so lange erhöht, bis die Basis-Emitter-Spannung den Wert U_{BE1} erreicht. Danach erfolgt der Kipp-Prozeß. Die Basis-Emitter-Spannung steigt sprungartig auf den Wert U_{BE2}. Bei steigender Eingangsgröße liegt daher zwischen U_{BE1} und U_{BE2} ein verbotenes Gebiet.

Da angenommen wurde, daß die Hysterese größer als null ist, wird bei sinkender Eingangsgröße die Basis-Emitter-Spannung stetig verändert, solange bis U_{BE3} erreicht wird. Danach setzt wiederum der Schaltprozeß ein. Zwischen U_{BE3} und U_{BE4} liegt wiederum ein verbotenes Gebiet (Abb. 79).

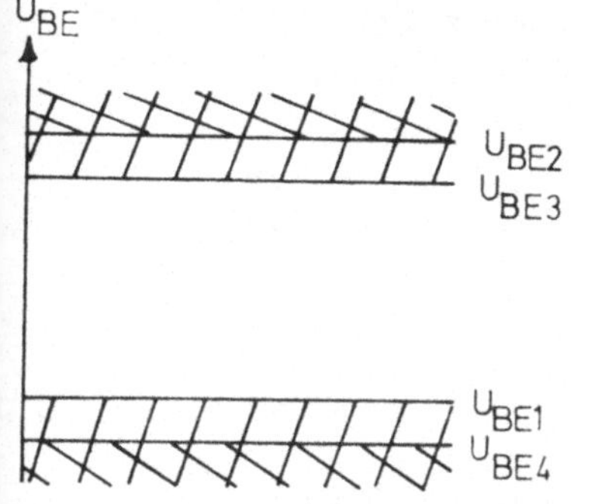

Die verbotenen Gebiete sind für steigende und fallende Basis-Emitter-Spannungen verschieden. Diesen Effekt kann man mit Hilfe eines Kondensators zur Schwingungserzeugung ausnutzen (Abb. 80)

Abb. 79 Erlaubte und verbotene Basis-Emitter-Spannungen beim Schmitt-Trigger

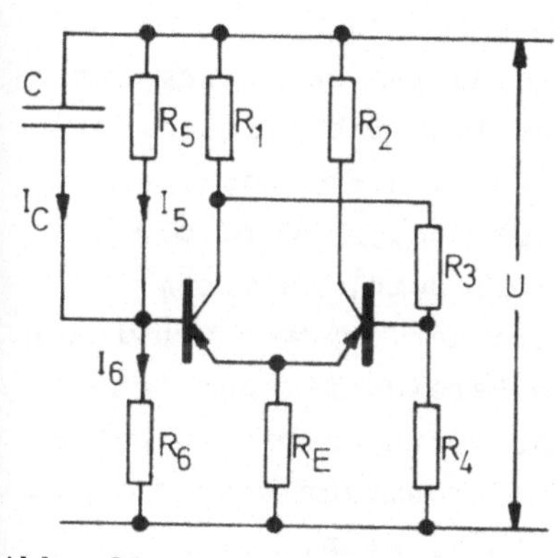

Abb. 80 Astabiler Schmitt-Trigger

Bei Anlegen der Spannung U an die Schaltung ist der Kondensator C spannungslos, I_{B1} daher sehr groß. Als Folge davon wird Transistor T1 leiten, Transistor T2 hingegen sperren. Der Kondensator wird aufgeladen und gleichzeitig sinkt der Basisstrom von Transistor T1. Ein Absinken des Basisstromes hat zur Folge, daß der Spannungsabfall am Basis-Emitter-Widerstand ebenfalls sinkt, solange bis der Wert U_{BE3} erreicht wird. Voraussetzung ist natürlich, daß die zeitbestimmenden Widerstände entsprechend ausgelegt sind. Da U_{BE3} an der Grenze des erlaubten Gebietes liegt, hat ein Unterschreiten von U_{BE3} zur Folge, daß der Trigger kippt. Das bedeutet, daß Transistor T2 vom gesperrten in den leitenden Zustand springt. Dadurch wird der Spannungsabfall am Emitter-Widerstand größer, der Kondensator wird gezwungen, wie noch später gezeigt wird, Ladung abzugeben.

Dadurch steigt die Basis-Emitter-Spannung und erreicht wieder, entsprechende Dimensionierung vorausgesetzt, den Wert U_{BE1} am Rande des erlaubten Bereiches. Es erfolgt ein Zurückkippen der Schaltung, der Spannungsabfall am Emitterwiderstand sinkt dadurch, daß Transistor T2 sperrt, der Kondensator entlädt sich und der Vorgang beginnt von vorne. Der zeitliche Verlauf der Basis-Emitter-Spannung ist in Abb. 81 dargestellt.

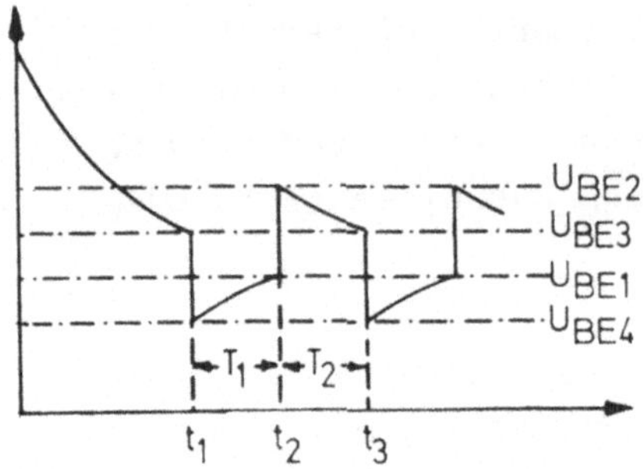

Abb. 81 Zeitlicher Verlauf der Basis-Emitter-Spannung

Es ist vorerst anschaulich klar, daß die Schwingbedingung nur in einem relativ engen Bereich definiert ist. Das gilt sowohl für die Widerstände R_5 und R_6 als auch für den Emitterwiderstand R_E. Verändert man den Emitterwiderstand, so wird die Schaltung über einen weiten Bereich stabil sein, in einem bestimmten Widerstandsbereich jedoch wird der Trigger schwingen (Abb. 82). Vor- und nach dem instabilen Bereich ist der Schaltzustand des Triggers verschieden. Ein Anwendungsgebiet dieser Schaltung wird daher die Überwachung niederohmiger Widerstände, wie zum Beispiel feldabhängiger Widerstände, sein.

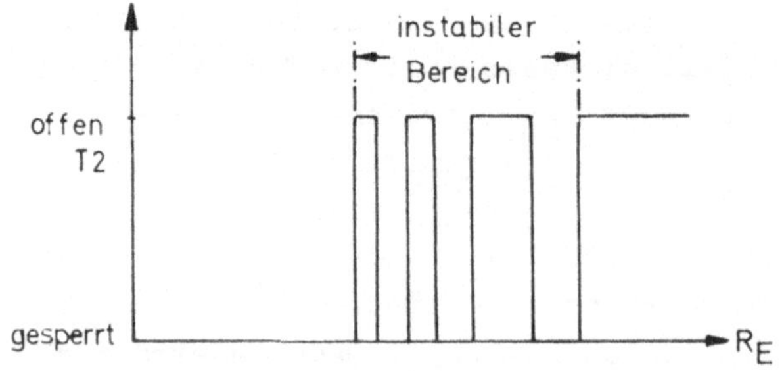

Abb. 82 Stabile und instabile Bereiche des astabilen Schmitt-Triggers in Abhängigkeit vom Emitterwiderstand

Der Teil, der das astabile Verhalten des Schmitt-Triggers bewirkt, ist in Abb. 83 herausgezeichnet.

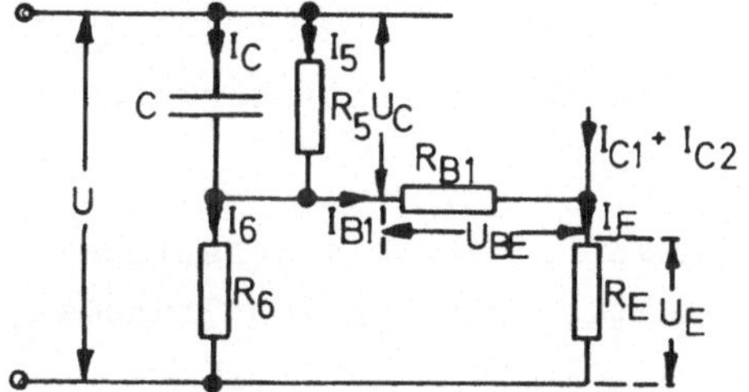

Abb. 83 Vereinfachte Teilschaltung des astabilen Schmitt-Triggers zur Ableitung der Schwingbedingung

Nach Abb. 83 erhält man folgende Differentialgleichung

$$\frac{dU_C}{dt} + aU_C = b$$

mit

$$a = \frac{1}{C}\left(\frac{1}{R_5} + \frac{1}{R_{B1}+R_5} + \frac{1}{R_6}\right)$$

und

$$b = \frac{U}{C}\left(\frac{1}{R_{B1}+R_E} + \frac{1}{R_6}\right)$$

Bei Anlegen der Spannung U an die Schaltung ist Kondensator C spannungslos, die Lösung der Differentialgleichung lautet daher

$$U_{BE} = U - \frac{b_1}{a} - U_{E1} + \frac{b_1}{a}\exp(-at)$$

mit

$$U_{E1} = I_{C1}R_E$$

$$\frac{b_1}{a} = \alpha U - \beta I_{C1} \qquad \alpha - \frac{R_5(R_6+R_{B1})}{R_6(R_5+R_{B1})+R_5R_{B1}} \qquad \beta - \frac{R_5R_6R_E}{R_6(R_5+R_E)+R_5R_E}$$

Der Zeitpunkt t_1 wird dann erreicht, wenn U_{BE} gleich U_{BE3} ist:

$$t_1 = \frac{1}{a}\ln\left[\frac{b_1}{a}\left(\frac{1}{U_{BE3}+U_{E1}+\frac{b_1}{a}-U}\right)\right]$$

Zum Zeitpunkt t_1 kippt Transistor T2 vom gesperrten in den geöffneten Zustand. Die Ladung des Kondensators wird abgebaut, da der Spannungsabfall am Emitterwiderstand steigt:

$$U_{BE} = U - \left(U_1 - \frac{b_2}{a}\right)\exp(-at) - \frac{b_2}{a} - U_{E2}$$

mit

U_1 .... Kondensatorspannung zum Zeitpunkt t_1

$$\frac{b_2}{a} = \alpha U - \beta(I_{C1} + I_{C2})$$

$$U_{E2} = (I_{C1} + I_{C2})R_E$$

Die Spannung steigt so lange, bis U_{BE1} erreicht wird. Für das Zeitintervall τ_1 nach Abb. 81 gilt daher:

$$\tau_1 = \frac{1}{a} \ln\left[\frac{\frac{b_2}{a} + U_{BE3} + U_{E1} - U}{\frac{b_2}{a} + U_{BE1} + U_{E2} - U} \right]$$

Analoge Überlegungen führen zur Berechnung des Zeitintervalls :

$$\tau_2 = \frac{1}{a} \ln\left[\frac{\frac{b_1}{a} + U_{E2} + U_{BE2} - U}{\frac{b_1}{a} + U_{E1} + U_{BE1} - U} \right]$$

Diese Überlegungen sind nur dann sinnvoll, wenn die Schaltung so ausgelegt wurde, daß die Basis-Emitter-Spannung von Transistor T1 tatsächlich die Schaltpunkte

$$U_{BE1},\ U_{BE2},\ U_{BE3},\ U_{BE4}$$

erreicht. Im folgenden werden daher die Bedingungen für die Gültigkeit der obigen Formeln abgeleitet. Die astabile Schmitt-Trigger-Schaltung muß drei Bedingungen erfüllen:

a) Die Basis-Emitter-Spannung von Transistor T1 muß den Wert U_{BE3} erreichen:

$$\lim_{t \to \infty} \left[U - \frac{b_1}{a}(1 - \exp(-at)) - U_{E1} \right] < U_{BE3}$$

oder

$$U - \frac{b_1}{a} - U_{BE3} - U_{E1} < 0$$

b) Nach Kippen von Transistor T2 muß U_{BE} den Wert U_{BE1} erreichen:

$$\lim_{t \to \infty} \left[U - \left(U_1 - \frac{b_2}{a}\right)\exp(-at) - \frac{b_2}{a} - U_{E2} \right] > U_{BE1}$$

oder

$$U - \frac{b_2}{a} - U_{BE1} - U_{E2} > 0$$

c) Die Differenzen

$$U_{BE1} - U_{BE4}$$

und

$$U_{BE2} - U_{BE3}$$

müssen größer als null sein. Diese Bedingung ist identisch mit der zu Beginn des Kapitels gestellten Forderung, daß für alle in Frage kommenden Werte von R_E die Hysterese nie kleiner oder gleich null werden darf.

Die Berechnung des instabilen Bereichs, wie sie oben durchgeführt wurde, ist deshalb problematisch, da angenommen wurde, daß die Werte

$$U_{BE1},\ U_{BE2},\ U_{BE3},\ U_{BE4}$$

durch die Veränderung von R_E nicht beeinflußt werden. Aus der in Kapitel 4.2.1 angegebenen Theorie geht jedoch hervor, daß diese Vereinfachung nicht gilt. Führt man die Rechnung exakt durch, so erhält man für die Schaltpunkte die Beziehungen:

$$U_{BE1} = f_1(R_E) \qquad U_{BE3} = f_3(R_E)$$

$$U_{BE2} = f_2(R_E) \qquad U_{BE4} = f_4(R_E)$$

Aus diesen Gleichungen muß dann die Grenze des stabilen Bereiches errechnet werden. Die Rechnung wird hier nicht durchgeführt, der Leser kann die Stabilitätsbedingungen selbst ableiten. Will man einen Trigger mit einem bestimmten stabilen Bereich berechnen, wird man jedoch nicht mehr mit dem Rechenstab und der Tischrechenmaschine auskommen. Es empfiehlt sich daher, die Lösung des Problems einem Computer zu überlassen. Ähnlich wie bei der Berechnung des Schmitt-Triggers selbst kann man dabei entweder die Monte-Carlo-Methode anwenden oder bei Problemen, bei denen man etwa das Resultat abschätzen kann, DO-Schleifen einführen. Wie schon erwähnt wurde, eignet sich der astabile Schmitt-Trigger besonders als Widerstandsmonitor, der bei Erreichen eines bestimmten Widerstandswertes zu schwingen anfängt. Der Schwingvorgang kann bei großer Zeitkonstante mit Hilfe eines Lämpchens sichtbar gemacht werden.

4.5.5.2 SCHWINGUNGSFREIER EMITTERSCHALTER

Im Kapitel 4.5.5.1 wurden die Instabilitätsbedingungen für einen Schmitt-Trigger mit einem Kondensator dargestellt. Für viele Fälle eignet sich diese Schaltung jedoch technisch nicht, da anstelle des instabilen Bereichs eine klare Schaltantwort gefordert wird. Nach den im vorhergehenden Kapitel angegebenen Modellvorstellungen über das Schwingverhalten lässt sich ein solcher Trigger konstruieren (Abb. 84).

Der Emitterwiderstand soll vorerst groß sein. Daher ist der Spannungsabfall an der Basis-Emitter-Strecke klein (Abb. 85). Durch Verkleinerung des Emitterwiderstandes wächst der Spannungsabfall an der Basis-Emitter-Strecke. Bei entsprechender Dimensionierung erreicht man, daß der Spannungswert U_{BE1} überschritten wird. Die Basis-Emitter-Spannung springt über den verbotenen Bereich, Transistor T2 kippt vom leitenden in den gesperrten Zustand. Bei fallendem U_{BE} wird das verbotene Gebiet bei der Spannung U_{BE3} erreicht, Transistor T2 kippt in den gesperrten Zustand zurück.

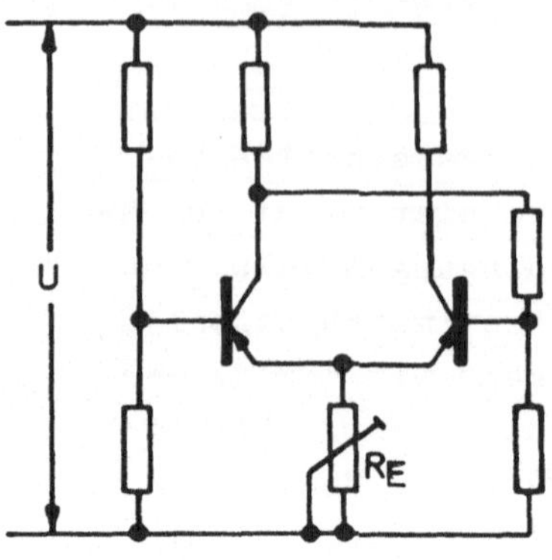

Abb. 84 Auslösung des Schaltvorgangs durch Veränderung des Emitterwiderstandes

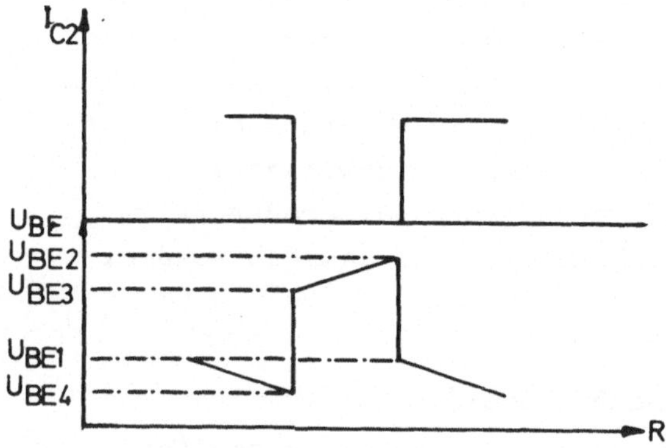

Abb. 85 Abhängigkeit der Basis-Emitter-Spannung von Transistor T1 und des Kollektorstroms von Transistor T2 vom Emitter-Widerstand

Beim I_{B1}-Betrieb ist die Hysterese des Schalters null, wenn die Spannungswerte

U_{BE1} , U_{BE4}

und die Spannungswerte

U_{BE2} , U_{BE3}

identisch sind. Aus Abb. 85 geht hervor, daß dann auch der Schaltvorgang, der durch Verändern des Emitter-Widerstandes hervorgerufen wird, hysteresefrei ist.

Praktische Verwendung hat diese Betriebsart ähnlich wie bei der Schwingschaltung bei der Überwachung niederohmiger Widerstände gefunden. Bei einem Widerstand von einem Ohm müsste man einen Strom von einem Ampère über den Widerstand fließen lassen, um einen Spannungsabfall von einem Volt zu erzeugen. Die in Abb. 86 übliche Schaltung für die Widerstandsüberwachung eignet sich daher nicht. Schaltet man jedoch den niederohmigen Widerstand als Emitterwiderstand und verwendet hochohmige Widerstände für R_1 und R_2, so kann man den Schaltvorgang schon bei niedrigen Strömen über den Emitterwiderstand auslösen. Diese Methode ist ein Beispiel dafür, wie vielseitig der Schmitt-Trigger ist. Fundierte Kenntnisse des Schaltvorgangs ermöglichen es dem Entwicklungsingenieur, die für sein Problem richtige Betriebsart auszuwählen.

Bei dieser Betriebsart handelt es sich zum Unterschied zum I_{B1}-Betrieb um einen autonomen Schalter, denn die Eingangsgröße, deren Veränderung den Schaltvorgang auslöst, bleibt während des Schaltablaufs konstant.

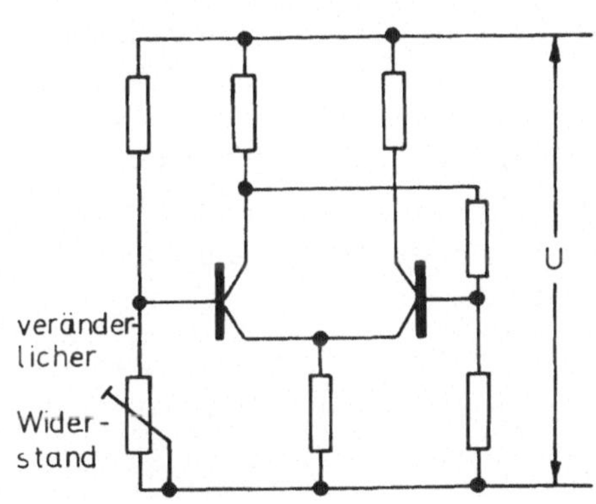

Abb. 86
Übliche Schaltung zur Überwachung eines Widerstandswertes

4.5.6 SCHMITT-TRIGGER-SCHALTUNGEN, DIE ZUM FLIP-FLOP ÜBERLEITEN

Der Schmitt-Trigger besitzt den Nachteil, daß der Eingangsstrom während des Schaltprozesses verändert wird:

$$I_{B1} = \kappa(R_{T2}) + I_{B1M}(R_{T2})$$

Arbeitet der Schmitt-Trigger im I_{B1}-Betrieb und wird anstelle eines Eingangsstroms nach Abb. 38 eine Eingangsspannung U_E verwendet, ändert sich der Eingangswiderstand während des Schaltprozesses:

$$R_{EIN} = \frac{U_E}{I_{B1}} = \frac{U_E}{\kappa(R_{T2}) + I_{B1M}(R_{T2})}$$

In der Praxis hat man es mit hochohmigen Spannungsquellen zu tun (Abb. 87).

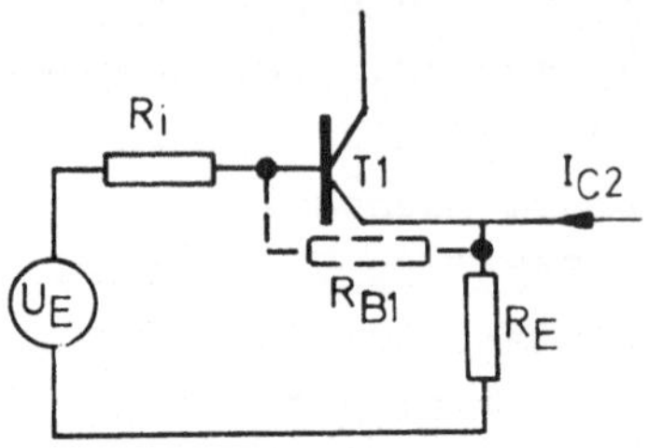

Abb. 87 Eingangskreis eines Schmitt-Triggers mit hochohmiger Spannungsquelle

Der maximale Strom, der einer solchen Spannungsquelle entnommen werden kann, ist:

$$I_{B1MAX} = \frac{U_E}{R_i}$$

Nun kann der Innenwiderstand der Quelle so groß sein, daß gilt:

$$I_{B1MAX} < AU$$

Der Schmitt-Trigger wird nie den kritischen Punkt erreichen, ein Kippen wird daher unmöglich sein. Aber selbst, wenn der kritische Punkt erreicht wird, kann der Innenwiderstand der Quelle so hoch sein, daß

$$I_{B1MAX} < \lim_{R_{T2} \to \infty} I_{B1}(R_{T2})$$

ist.

Die Funktion

$$\kappa(R_{T2})$$

ist nicht für alle Werte von R_{T2} größer als null, die Schaltbedingung daher nicht erfüllt. Der Schmitt-Trigger im I_{B1}-Betrieb benötigt daher eine relativ niederohmige Spannungsquelle, um noch einwandfrei schalten zu können.

Diesen Nachteil kann man ausschalten, wenn aus dem nichtautonomen Schmitt-Trigger ein autonomer Schalter entwickelt wird: die Nichtautonomie beim Schmitt-Trigger wird durch die Art der Rückkoppelung bewirkt. Die Rückkoppelung von Transistor T2 auf Transistor T1 erfolgt über den gemeinsamen Emitterwiderstand R_E. Während des Schaltvorgangs ändert sich der Spannungsabfall am Emitterwiderstand und damit ändert sich der Eingangswiderstand. In den einleitenden Kapiteln wurde bereits erwähnt, daß es autonome Schalter mit negativem Sigmum gibt. Der bistabile Multivibrator oder Flip-Flop ist ein Beispiel dafür (Abb. 19). Der Flip-Flop ist ein symmetrisch aufgebauter Schalter. Beide Rückkoppelungszweige liegen zwischen Basis und Kollektor. Dieses Prinzip kann auch auf den Schmitt-Trigger übertragen werden [11] . (Abb. 88).

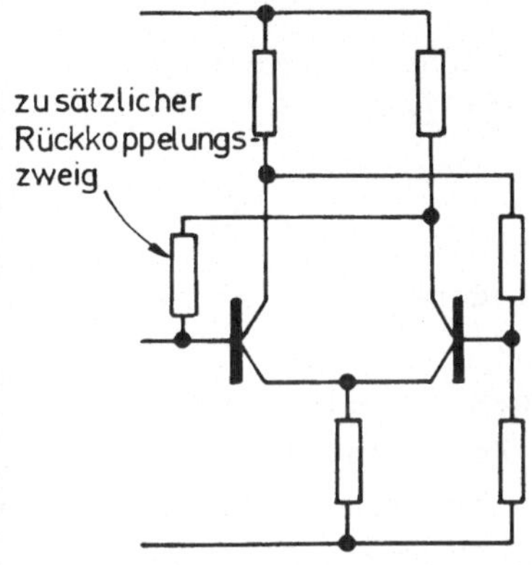

Abb. 88
Schmitt-Trigger mit einer zusätzlichen Rückkoppelungsschleife

Der einzige Unterschied zum Flip-Flop besteht im gemeinsamen Emitter-Widerstand (Abb. 89).

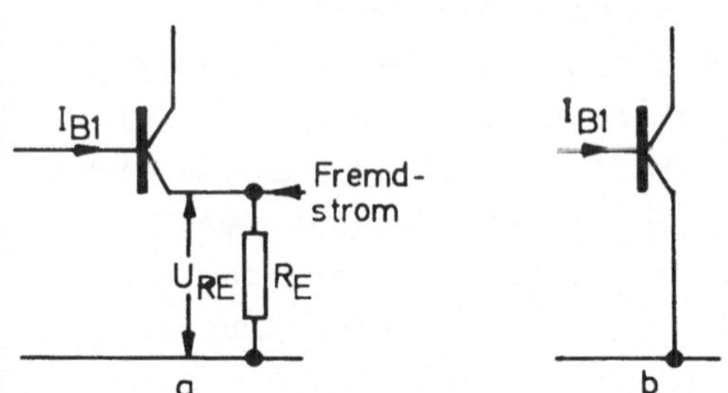

Abb. 89 Die Bedeutung des gemeinsamen Emitterwiderstandes Eingangskreis a) mit b) ohne gemeinsamen Emitterwiderstand

Ohne gemeinsamen Emitterwiderstand wird der Schaltpunkt dann erreicht, wenn Transistor T2 aus dem Bereich der Sättigung gedrängt wird. Die Emitter-Basis-Spannung von Transistor T1 berechnet sich nach dem vereinfachten Schaltbild Abb. 90:

$$U_{EB} = U_E\left(1 + \frac{R_i}{R_i + R_{RÜCK}}\right) - \frac{U_{RÜCK} \cdot R_i}{R_i + R_{RÜCK}}$$

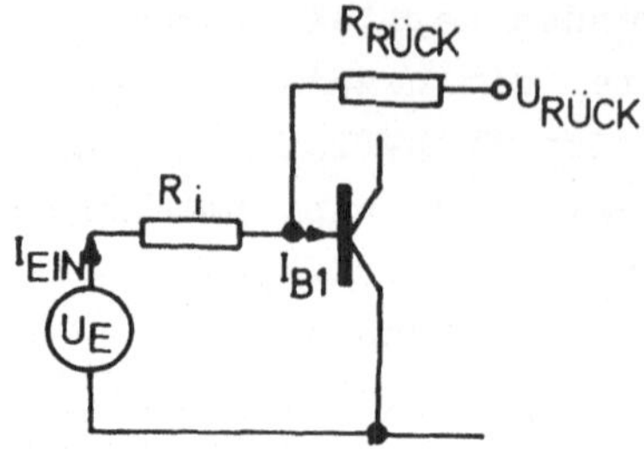

Abb. 90 Vereinfachtes Schaltbild zur Berechnung der Basis-Emitterspannung von Transistor T1 nach Abb. 89 b).

Der Schaltvorgang kann auf zwei verschiedene Arten ausgelöst werden:

1. Transistor T1 besitzt mindestens einen stabilen und einen instabilen Bereich. Danach wird der Kollektorstrom von T1 so lange erhöht, bis der Schaltpunkt erreicht wird.
2. Transistor T1 besitzt wie Transistor T2 nur zwei stabile Arbeitspunkte. Beginnt Transistor T1 zu leiten, so setzt der Kippvorgang ein. Der Schaltpunkt liegt daher im nichtlinearen Teil des Kennlinienfeldes, wenn ein realer Transistor als Rechengrundlage angenommen wird.

Fall 2 wird für einen Spannungsschalter weniger gut geeignet sein als Fall 1, da sowohl die Berechnung als auch die Veränderung der Schaltspannung bei Fall 1 leichter durchzuführen ist. Dazu kommt noch, daß der nichtlineare Bereich der Kennlinie nicht für alle Transistoren gleich und stark temperaturabhängig ist. Nur bei ganz bestimmten Schaltanforderungen wird daher Fall 2b praktisch durchgeführt werden.

Zusammenfassend kann daher gesagt werden: der herkömmliche Flip-Flop ohne gemeinsamen Emitter-Widerstand eignet sich nicht als Spannungsschalter. Bei Fall 1a und 2a hingegen muß die Eingangsspannung den Wert

$$U_{RE}$$

überschreiten, um den Schaltvorgang auszulösen. Gegen Fall 2a können ähnliche Bedenken wie beim Fall 2b geltend gemacht werden. Fall 1a ist daher am günstigsten (Abb. 88). Nach

Abb. 90 berechnet sich die Spannung zwischen Emitter und Basis von Transistor T1 mit

$$U_{BE} = U_E\left(1 + \frac{R_i}{R_i + R_{RÜCK}}\right) - \frac{U_{RÜCK} \cdot R_i}{R_i + R_{RÜCK}} - U_{RE}$$

Während des Schaltvorgangs steigt beim Schmitt-Trigger die Basis-Emitter-Spannung:

$$U_{BE} = (I_{C1} + I_{C2}) R_E$$

Infolge der Verringerung des Kollektorstroms von Transistor T2 steigt über die zusätzliche Rückkoppelungsschleife die Basis-Emitterspannung:

$$\frac{\partial U_{BE}}{\partial U_{RÜCK}} = \frac{R_i}{R_i + R_{RÜCK}}$$

Gelingt es, für alle Werte von R_{T2}

$$\frac{\partial U_{BE}}{\partial U_{RE}} < \frac{\partial U_{BE}}{\partial U_{RÜCK}}$$

zu machen, steigt I_{B1}, der der Spannungsquelle entnommene Strom bleibt jedoch nahezu konstant.Auf diese Weise wird aus dem nichtautonomen Schmitt-Trigger ein autonomer Spannungsschalter, dessen Eingangswiderstand während des gesamten Schaltvorgangs konstant bleibt. Erreicht der Spannungsschalter mit der hochohmigen Spannungsquelle einen kritischen Punkt, so kann auch ein Kippen des Systems erfolgen. Da die Rückkoppelung von Transistor T2 auf Transistor T1 über zwei verschiedene Rückkoppelungswege erfolgt, kann man die Technik, die beim Flip-Flop entwickelt wurde, auf diesen Spannungsschalter

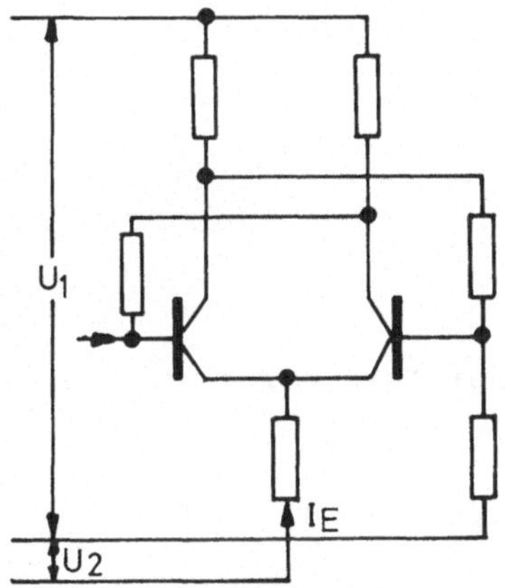

Abb. 91 Konstanthaltung des Emitterstroms durch Verwendung einer zusätzlichen Spannungsquelle

übertragen. Beim Flip-Flop verwendet man eine zusätzliche Spannungsquelle, um den gemeinsamen Emitterstrom während des Schaltvorgangs konstant zu halten. Dasselbe kann auch mit einem Schmitt-Trigger bei doppelter Rückkoppelung durchgeführt werden (Abb. 91).

Ist U_2 genügend groß, so gilt für den Emitterstrom:

$$I_E \approx \frac{U_2}{R_E}$$

Der Emitterstrom setzt sich aus dem Kollektorstrom von Transistor T1 und Transistor T2 zusammen:

$$I_E \approx I_{C1} + I_{C2} = \text{const.}$$

Während des Schaltvorgangs sinkt I_{C2}, daher muß I_{C1} steigen:

$$\Delta I_{C1} = -\Delta I_{C2}$$

Mit Hilfe eines zusätzlichen Transistors kann der Emitterstrom noch besser stabilisiert werden (Abb. 92).

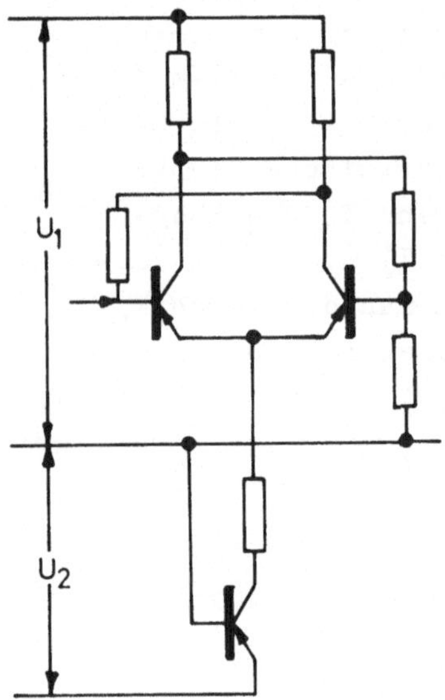

Abb. 92 Verwendung eines zusätzlichen Transistors zur Stabilisierung des Emitterstroms

Die Schaltung nach Abb. 97 besitzt folgenden Vorteil: Die Änderung des Basis-Stromes von Transistor T1

$$\Delta I_{B1} = -\frac{1}{B}\,\Delta I_{C2}$$

hängt nur mehr von der Änderung des Kollektorstroms von Transistor T1 ab und nicht mehr vom Innenwiderstand der Eingangsspannungsquelle U_E. Dadurch ist die Funktion

$$\kappa(R_{T2})$$

unabhängig von allen äußeren Einflüssen. Gegenüber Abb. 93 erreicht man, daß der Schmitt-Trigger autonom wird. In Abb.93 wird die Nichtautonomie des Schaltvorgangs nur durch eine zweite Rückkoppelung kompensiert, während hier überhaupt keine nichtautonomen Effekte auftreten.

4.6 ZUSAMMENFASSUNG DER KAPITEL ÜBER DEN SCHMITT-TRIGGER

Der Schmitt-Trigger ist der weitverbreitetste und daher der am besten beschriebene Spannungsschalter. Die Grundschaltung besitzt folgende Eigenschaften:

a) Sie ist nicht autonom.

b) Der Schaltpunkt bei steigender Eingangsspannung ist direkt proportional der angelegten Versorgungsspannung:

$$U_{EK} = AU$$

c) Bei einem dimensionierten Schmitt-Trigger kann die Hysterese nicht verstellt werden, ohne die Schaltspannungen zu verändern.

Ausgehend von diesen drei Grundfeststellungen wurden verschiedene Schaltungen entwickelt:

ad a) Mit Hilfe einer zusätzlichen Rückkoppelungsschleife und einem Transistor wurde ein autonomer Schalter entwickelt.

ad b) Mit Hilfe dieser Tatsache wurde ein Schaltzweipol entwickelt, der keine Versorgungsspannung benötigt. Durch zwei zusätzliche Transistoren kann sowohl die Eingangsspannung als auch die Hysterese unabhängig voneinander eingestellt werden.

ad c) Ein zusätzlicher Transistor zur Grundschaltung ermöglicht eine Verringerung der Hysterese. Durch Kombination von mehreren Spannungsschaltern können Schalter mit negativer Hysterese ohne instabile Bereiche konstruiert werden.

Über das dynamische Verhalten des Schmitt-Triggers ist wenig bekannt. Es ist zwar anschaulich klar, daß die Schaltgeschwindigkeit von den Größen

$$\frac{dR_{T1}}{dR_{T2}} \quad \text{und} \quad \frac{dR_{T2}}{dR_{T1}}$$

abhängt, ein zahlenmäßiger Zusammenhang ist jedoch nicht bekannt. Mit Hilfe von Analog-Rechnern gelingt es zwar, Modelle für die Berechnung der Schaltgeschwindigkeit aufzustellen, die Berechnung bleibt jedoch auf den speziellen Fall beschränkt.

Ein weiteres bisher ungelöstes Problem ist die Abschätzung der Zahl der möglichen Widerstandskombinationen für einen bestimmten Schmitt-Trigger. Würde die Lösung dieses Problems gelingen, so könnten die digitalen Rechenprogramme nach Tab.3 und Tab. 4 weitgehendst vereinfacht werden, da von vornherein die bestmöglichste Lösung ausgewählt werden könnte.

5 TRIGGER MIT ZWEI KOMPLEMENTÄREN TRANSISTOREN

Im Gegensatz zum Schmitt-Trigger besitzt dieser Schalter keinen eigenen Namen (Abb. 93). Er schaltet mit positivem Signum,

$$\frac{dR_{T1}}{dR_{T2}} \quad \text{und} \quad \frac{dR_{T2}}{dR_{T1}}$$

sind größer als null. Die Ableitungen der Schaltbedingungen sind, verglichen mit dem Schmitt-Trigger, einfach.

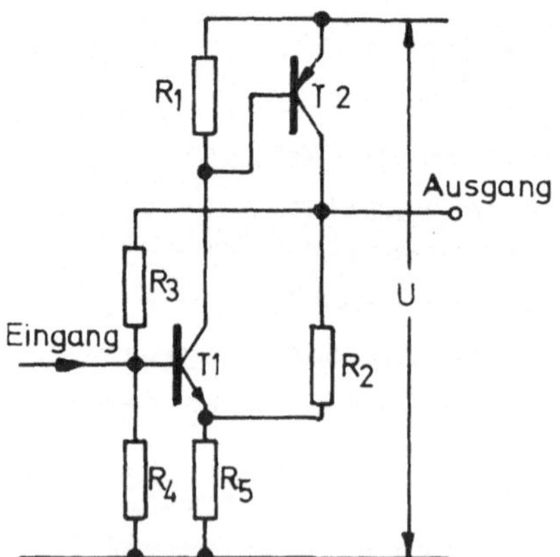

Ist der Eingangsstrom null, sperren beide Transistoren. Bei Erhöhung des Eingangsstroms beginnt Transistor T1 zu leiten. Der Kollektorstrom von Transistor T1 verursacht einen Spannungsabfall am Widerstand R_1. Ist dieser Spannungsabfall genügend groß, beginnt Transistor T2 zu leiten.

Abb. 93 Schalter mit zwei komplementären Transistoren und positivem Signum

Der Kollektorstrom von Transistor T2 verteilt sich auf die Widerstände R_2 und R_3. Der Basisstrom von Transistor T1 wird erhöht, der Kollektorstrom von T1 steigt und verursacht eine Vergrößerung des Basisstroms von Transistor T2 usw. Der Schaltprozeß ist dann beendet, wenn ein Transistor in den Bereich der Sättigung gelangt. Bei entsprechender Dimensionierung werden beide Transistoren nach Beendigung des Schaltprozesses durchgeschaltet sein.

Bei sinkendem Eingangsstrom muß der Punkt erreicht werden, bei dem Transistor T1 den Bereich der Sättigung verlässt. Nun gibt es zwei Möglichkeiten:

a) Der Schalter ist so dimensioniert, daß bei Absinken des Kollektorstroms von Transistor T1 Transistor T2 aus dem Bereich der Sättigung gedrängt wird und der Schaltprozeß einsetzt.
b) Der Schalter ist so dimensioniert, daß Transistor T1 bei fallendem Eingangsstrom einen stabilen Bereich besitzt, bevor der Schaltprozeß einsetzt.

Für Fall b) gelten die Überlegungen, die in Kapitel 4.5.6 über den Vorteil von stabilen Bereichen bei der Veränderung der Schaltspannung gemacht wurden: besitzt Transistor T1 einen stabilen Bereich, so kann man die Schaltspannung durch zusätzliche Spannungsteiler leicht verändern. Für das Schalten bei steigendem Eingangsstrom gelten diese Überlegungen nicht. Der Schaltprozeß setzt im nichtlinearen Teil der Kennlinie ein und die Schaltspannung ist daher stark temperaturabhängig. Ein weiterer Nachteil dieses Schalters ist es, daß beide Transistoren entweder gleichzeitig leiten oder gleichzeitig sperren. Dadurch wird je nach Schaltzustand die Versorgungsspannung U verschieden belastet.

Aus dieser Übersichtsbetrachtung geht hervor, daß die Abhängigkeit des Schaltpunkts bei steigendem Eingangsstrom von der Versorgungsspannung komplizierter ist als beim Schmitt-Trigger. Beim Schmitt-Trigger führte die Anwendung des linearen, idealisierten Rechenmodells zu dem Resultat, daß die Versorgungsspannung U direkt proportional dem Eingangsstrom im kritischen Punkt ist. Bei dem vorliegenden Spannungsschalter ist der Eingangsstrom, bei dem Transistor T1 zu leiten beginnt, vollkommen unabhängig von der angelegten Betriebsspannung U. Der Kollektorstrom von T1 ist jedoch umso größer, je größer U ist. Daher ist der Spannungsabfall an R_1 abhängig von der angelegten Versorgungsspannung. Wie weiter oben gezeigt wurde, muß der Spannungsabfall an R_1 einen Mindestwert überschreiten, damit Transistor T2 zu leiten beginnt und daher der Schaltprozeß einsetzen kann.

Diese Schaltung stammt nicht aus der Röhrentechnik wie der Schmitt-Trigger, da das Analogon zu komplementären Transistoren in der Röhrentechnik fehlt. Es wurde daher prophezeit, daß dieser Schalter den herkömmlichen Schmitt-Trigger verdrängen wird (Überschrift eines Aufsatzes: "Komplementäre Impulsformer verdrängen Schmitt-Trigger" aus dem Jahre 1964 [12]. Bis jetzt ist es jedoch nicht gelungen, den Nachweis zu erbringen, daß der komplementäre Schalter ebenso vielseitig wie der Schmitt-Trigger ist. Will man zum Beispiel einen Schaltzweipol mit zwei komplementären Transistoren konstruieren, so benötigt ein solcher Schaltzweipol eine extrem niederohmige Spannungsquelle, da die oben erwähnte Belastungsänderung die zu überwachende Spannung stark verändern kann. Beim Schmitt-Trigger bleibt die Belastung etwa gleich, eine Unterbrechung des Schaltvorgangs infolge des Zusammenbrechens der Spannung ist daher unmöglich.

Es gibt beim komplementären Schalter mit positivem Signum weit weniger Modifikationen der Grundschaltung als beim

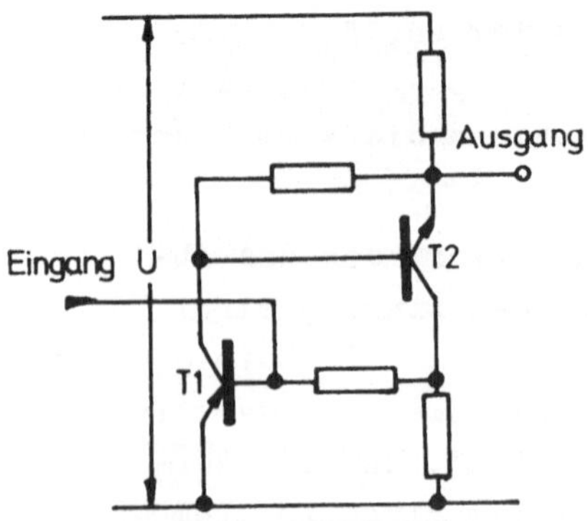

Abb. 94 Beispiel einer Modifikation der Grundschaltung

Schmitt-Trigger. Die Abarten bestehen meist im Weglassen von bestimmten Widerständen (Abb. 94). Das Schaltverhalten wird bei solchen Modifikationen nicht oder nur geringfügig verändert.

5.1 ZERLEGUNG DES KOMPLEMENTÄREN SCHALTERS IN ZWEI TEILSCHALTUNGEN

Die Zerlegung in Teilschaltungen erfolgt analog Kapitel 4.1 (Abb. 95). Aus den Teilschaltungen kann man sofort eine Schaltbedingung ablesen: die aus den Widerständen

$$R_4, R_5, R_3 \text{ und } R_2$$

gebildete Brücke muß immer so verstimmt sein, daß der Spannungsabfall am Widerstand R_4 größer ist als der Spannungsabfall am Widerstand R_5. Während des Schaltvorgangs muß die Brückenspannung immer größer werden, damit der Kollektorstrom von Transistor T1 zunimmt.

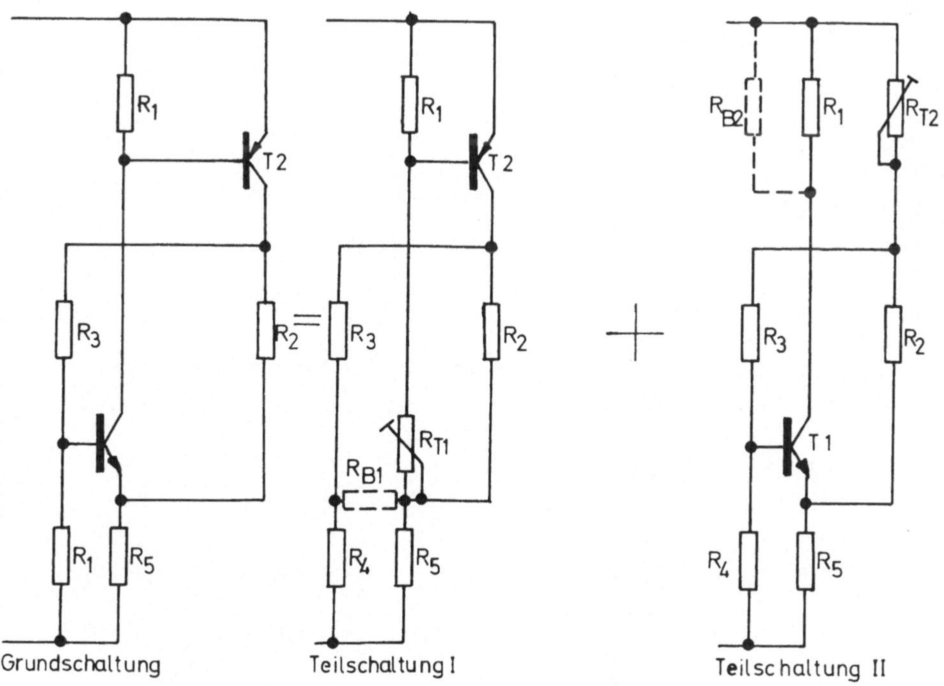

Abb. 95 Zerlegung des komplementären Schalters mit positivem Signum in zwei Teilschaltungen

5.2 DIE BERECHNUNG DER TEILSCHALTUNGEN

5.2.1 DIE BERECHNUNG VON TEILSCHALTUNG I

In Abb. 96 ist diese Teilschaltung nocheinmal herausgezeichnet.

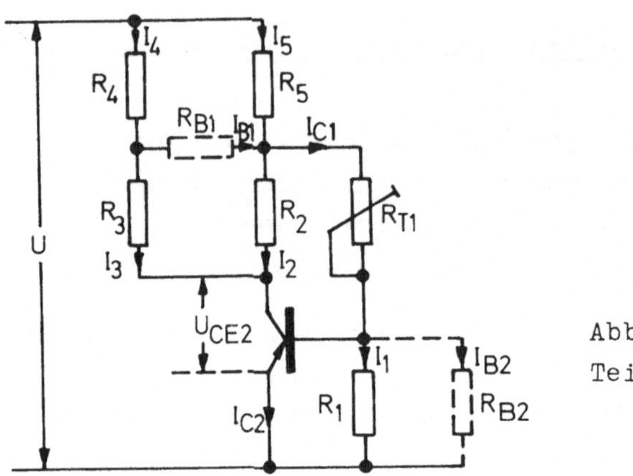

Abb. 96
Teilschaltung I

Nach den Kirchhoff'schen Sätzen können für die Teilschaltung folgende Beziehungen angeschrieben werden:

$$I_4 R_4 + I_3 R_3 + U_{CE2} = U \qquad I_5 = I_{B1} + I_2 + I_{C1}$$

$$I_5 R_5 + I_2 R_2 + U_{CE2} = U \qquad I_3 = I_4 + I_{B1}$$

$$I_5 R_5 + I_{B1} R_{B1} + I_3 R_3 + U_{CE2} = U \qquad I_{C2} = I_3 + I_2$$

$$I_5 R_5 + I_{C1} R_{T1} + I_1 R_1 = U \qquad I_{C1} = I_1 + I_{B1}$$

$$I_5 R_5 + I_{C1} R_{T1} + I_{B2} R_{B2} = U$$

Die Resultate wurden mit Hilfe der Cramer'schen Regel berechnet:

$$U_{CE2} = U \frac{(1) R_{T1} + (2)}{(1) R_{T1} + (5)} \qquad I_{C2} = U \frac{(3)}{(1) R_{T1} + (5)}$$

mit

$$(1) = \frac{1}{B} R_1 R_2 R_{B1} + \frac{1}{B} R_1 R_2 R_4 + \frac{1}{B} R_1 R_2 R_5 + \frac{1}{B} R_1 R_3 R_{B1} + \frac{1}{B} R_1 R_3 R_4 +$$
$$+ \frac{1}{B} R_1 R_3 R_5 + \frac{1}{B} R_1 R_4 R_{B1} + \frac{1}{B} R_1 R_5 R_{B1} + \frac{1}{B} R_{B2} R_2 R_{B1} + \frac{1}{B} R_{B2} R_2 R_4 +$$
$$+ \frac{1}{B} R_{B2} R_2 R_5 + \frac{1}{B} R_{B2} R_3 R_{B1} + \frac{1}{B} R_{B2} R_3 R_4 + \frac{1}{B} R_{B2} R_3 R_5 + \frac{1}{B} R_{B2} R_4 R_{B1} +$$
$$+ \frac{1}{B} R_{B2} R_5 R_{B1}$$

$$(2) = -R_1R_2R_3R_{B1} - R_1R_2R_4R_{B1} - R_1R_2R_3R_4 - R_1R_2R_3R_5 + \frac{1}{B}R_1R_5R_2R_{B1} + \frac{1}{B}R_5R_{B2}R_2R_{B1} +$$
$$+ \frac{1}{B}R_1R_{B2}R_2R_{B1} + \frac{1}{B}R_1R_{B2}R_2R_4 + \frac{1}{B}R_1R_{B2}R_2R_5 + \frac{1}{B}R_1R_{B2}R_3R_{B1} +$$
$$+ \frac{1}{B}R_1R_{B2}R_3R_4 + \frac{1}{B}R_1R_{B2}R_3R_5 + \frac{1}{B}R_1R_{B2}R_4R_{B1} + \frac{1}{B}R_1R_{B2}R_5R_{B1} +$$

$$(3) = R_1R_2R_4 + R_1R_3R_4 + R_1R_2R_5 + R_1R_3R_5 + R_1R_2R_{B1} + R_1R_3R_{B1} + R_1R_4R_{B1} + R_1R_5R_{B1}$$

$$(5) = R_1R_4R_5R_{B1} + R_1R_2R_4R_5 + R_1R_3R_5R_{B1} + R_1R_3R_4R_5 + \frac{1}{B}R_{B2}R_4R_5R_{B1} +$$
$$+ \frac{1}{B}R_{B2}R_2R_5R_{B1} + \frac{1}{B}R_{B2}R_2R_4R_5 + \frac{1}{B}R_{B2}R_3R_5R_{B1} + \frac{1}{B}R_{B2}R_3R_4R_5 +$$
$$+ \frac{1}{B}R_1R_4R_5R_{B1} + \frac{1}{B}R_1R_2R_5R_{B1} + \frac{1}{B}R_1R_2R_4R_5 + \frac{1}{B}R_1R_3R_5R_{B1} +$$
$$+ \frac{1}{B}R_1R_3R_4R_5 + \frac{1}{B}R_1R_{B1}R_{B2}R_4 + \frac{1}{B}R_1R_{B2}R_{B1}R_5 + \frac{1}{B}R_1R_{B2}R_2R_4 +$$
$$+ \frac{1}{B}R_1R_{B2}R_2R_5 + \frac{1}{B}R_1R_{B2}R_2R_{B1} + \frac{1}{B}R_1R_{B2}R_3R_4 + \frac{1}{B}R_1R_{B2}R_3R_5 +$$
$$+ \frac{1}{B}R_1R_{B2}R_3R_{B1}$$

Aus diesen Beziehungen folgt für R_{T2}:

$$R_{T2} = \frac{(1)}{(3)}R_{T1} + \frac{(2)}{(3)}$$

Der Differentialquotient

$$\frac{dR_{T2}}{dR_{T1}} = \frac{(1)}{(3)}$$

ist unabhängig von R_{T1}. Da (1) und (3) positiv ist, ist er für alle Werte positiv.

5.2.2 DIE BERECHNUNG VON TEILSCHALTUNG II

In Abb. 97 ist diese Teilschaltung nocheinmal aufgezeichnet.

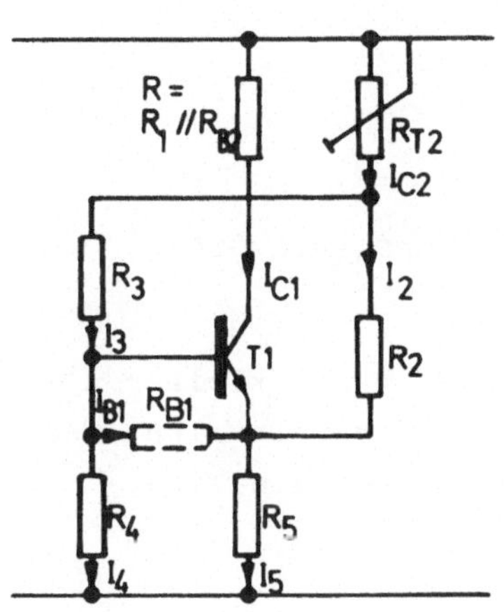

Abb. 97
Teilschaltung II

Aus Abb. 102 können folgende Beziehungen abgelesen werden:

$$I_{C1}R + U_{CE1} + I_5R_5 = U \qquad I_{C2} = I_2 + I_3$$

$$I_{C2}R_{T2} + I_2R_2 + I_5R_5 = U \qquad I_5 = I_2 + I_{B1} + I_{C1}$$

$$I_{C2}R_{T2} + I_3R_3 + I_4R_4 = U \qquad I_3 = I_4 + I_{B1}$$

$$I_{C2}R_{T2} + I_3R_3 + I_{B1}R_{B1} + I_5R_5 = U$$

$$R = R_1 // R_{B2} = \frac{R_1 R_{B2}}{R_1 + R_{B2}}$$

Mit Hilfe der Cramer'schen Regel erhält man als Resultate

$$U_{CE1} = U\frac{(6) + (7)R_{T2}}{(8) + (7)R_{T2}} \quad \text{und} \quad I_{C1} = \frac{U\,(10)}{(8) + (7)R_{T2}}$$

mit

$$(6) = -RR_3R_5 - R_2R_3R_5 - \frac{1}{B}R_3R_2R_4 - \frac{1}{B}R_2R_5R_3 - \frac{1}{B}R_2R_3R_{B1} - \frac{1}{B}R_2R_4R_{B1} + RR_2R_4$$

$$(7) = -R_2R_5 - \frac{1}{B}R_2R_4 - \frac{1}{B}R_2R_5 - \frac{1}{B}R_2R_{B1} - R_3R_5 - \frac{1}{B}R_3R_4 - \frac{1}{B}R_3R_5 - \frac{1}{B}R_3R_{B1} - \frac{1}{B}R_4R_{B1} - \frac{1}{B}R_5R_{B1}$$

$$(8) = -R_2R_3R_5 - R_2R_4R_5 - \frac{1}{B}R_2R_3R_5 - \frac{1}{B}R_2R_3R_4 - \frac{1}{B}R_2R_3R_{B1} - \frac{1}{B}R_2R_4R_{B1} - \frac{1}{B}R_2R_4R_5 - \frac{1}{B}R_3R_4R_5 - \frac{1}{B}R_3R_5R_{B1} - \frac{1}{B}R_4R_5R_{B1}$$

$$(10) = -R_2R_4 + R_3R_5$$

R_{T1} ist demnach:

$$R_{T1} = \frac{(6) + (7)R_{T2}}{(10)}$$

Die Ableitung von R_{T1} nach R_{T2} ist eine konstante Größe:

$$\frac{dR_{T1}}{dR_{T2}} = \frac{(7)}{(10)}$$

Der Ausdruck (7) ist für alle auftretenden Werte kleiner als null, das Vorzeichen von (10) steht von vornherein nicht fest. Wie schon in Kapitel 5.1 erwähnt wurde, bilden die Widerstände

R_3, R_4, R_2 und R_5

eine Brücke. Der Schaltvorgang läuft nur dann ab, wenn der Spannungsabfall am Widerstand R_4 größer als der Spannungsabfall an R_5 ist (Abb. 98).

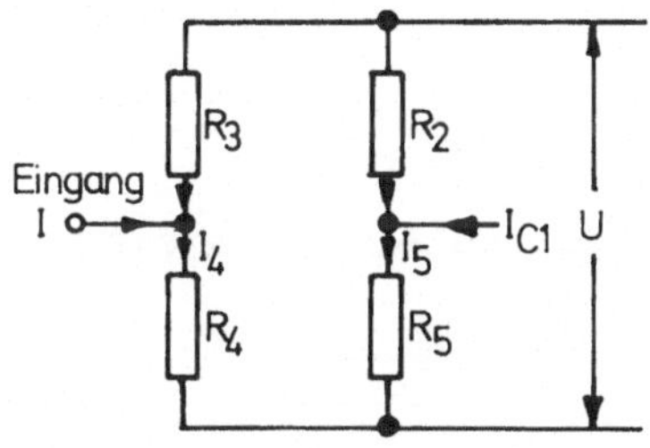

Abb. 98 Teilschaltbild zur Abschätzung des Vorzeichens von (10)

Für die Brückenspannung erhält man nach Abb. 98:

$$U_{BRÜCKE} = I_4 R_4 - I_5 R_5 = U \frac{R_2 R_4 - R_3 R_5}{(R_3 + R_4)(R_2 + R_5)} \qquad I = I_{C1} = 0$$

Die Brückenspannung ist positiv, wenn gilt

$$R_2 R_4 > R_3 R_5$$

Daraus folgt, daß bei positiver Brückenspannung (10) negativ ist, der Differentialquotient

$$\frac{dR_{T1}}{dR_{T2}}$$

daher für alle Werte größer als null ist. Damit wurde der Beweis erbracht, daß der komplementäre Schalter tatsächlich mit positivem Signum schaltet.

Die Bedingung für die Widerstände

$$R_3,\ R_4,\ R_2 \text{ und } R_5$$

gilt für alle Phasen des Schaltvorgangs. Ist sie einmal erfüllt, so ist der Schalter kippfähig.

5.3 DER SCHALTVORGANG BEI STEIGENDEM EINGANGSSTROM

Der Schaltvorgang setzt ein, wenn Transistor T2 aus dem Bereich der Sättigung gedrängt wird. Die Öffnung von Transistor T1 erfolgt über den Widerstand R_1. Setzt man als Rechengrundlage ein lineares Transistormodell ohne Schwellwerte voraus, so setzt der Schaltvorgang bei der geringsten Abweichung des

Eingangsstroms von null ein. Bei einem realen Transistor ist im unteren Bereich der Kennlinie die Abhängigkeit des Kollektorstroms von der Basisspannung nichtlinear (Abb. 99).

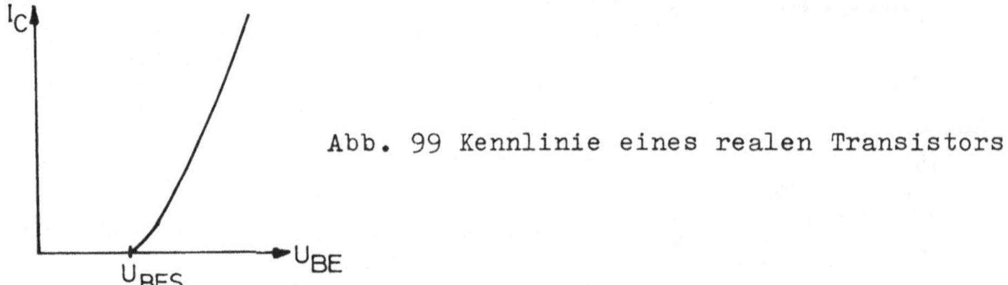

Abb. 99 Kennlinie eines realen Transistors

Transistor T2 wird dann leitend werden, wenn der Spannungsabfall des Kollektorstroms von T1 größer als die Schwellspannung von Transistor T2 ist:

$$U_{BES} < U_{BE2} = I_{C1} R_1$$

Transistor T1 besitzt infolge der Schwellspannung vor Erreichen des kritischen Punktes einen kleinen stabilen Bereich. Dieser

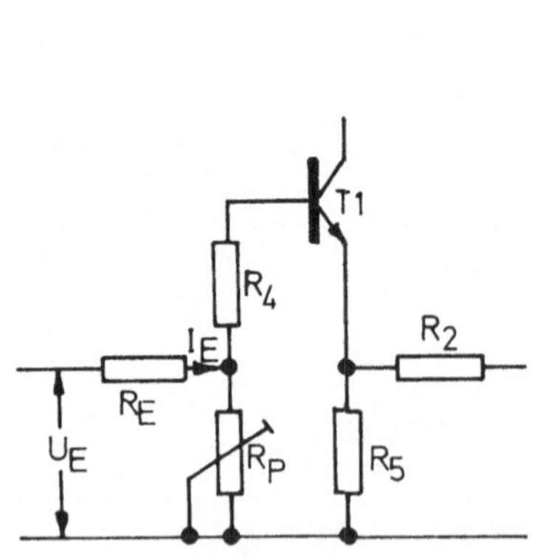

Abb. 100 Spannungsteiler zur Veränderung der Schaltspannung bei steigendem Eingangsstrom

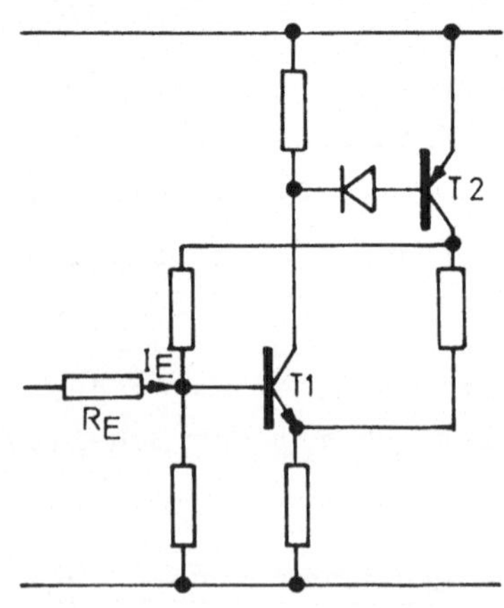

Abb. 101 Vergrößerung des stabilen Bereichs von Transistor T1 durch Einführen einer Diode in den Basiskreis von Transistor T2

Bereich wird jedoch nicht ausreichen, um den kritischen Punkt mit Hilfe zusätzlicher Potentiometer (Abb. 100) innerhalb eines weiten Bereichs zu variieren.

Nach den allgemeinen Überlegungen aus Kapitel 4.5.6 ist es zur Veränderung der Schaltspannung günstig, wenn Transistor T1 vor Erreichen des Schaltpunkts einen großen stabilen Bereich besitzt. Die Vergrößerung des stabilen Bereichs bei dem vorliegenden Schalter kann durch Hinzuschalten von Elementen erfolgen, die eine definierte Mindestspannung benötigen, um leitend zu werden: zum Beispiel Dioden (Abb. 101).

Bezeichnet man den Schwellwert von Transistor T1 mit

$$U_{BE1S}$$

so wird nach Abb. 100 der Punkt, bei dem Transistor T1 zu leiten beginnt, bei der Eingangsspannung

$$U_E = \frac{U_{BE1S}}{R_P}(R_E + R_P)$$

erreicht. Die Grenze des stabilen Bereichs von Transistor T1 berechnet sich nach Abb. 101 mit

$$I_{C1} = \frac{U_{SD} + U_{BE2S}}{R_1}$$

wobei

$$U_{SD}$$

die Schwellspannung der Diode und

$$U_{BE2S}$$

die Schwellspannung von Transistor T2 ist. Der Kollektorstrom von Transistor T1, I_{C1}, bei gesperrtem Transistor T2 wird aus folgenden Beziehungen ermittelt:

$$U_E = I_E R_E + I_P R_P$$

$$U_E = I_E R_E + I_{B1}(R_4 + R_{B1}) + B I_{B1} R_5$$

$$I_E = I_P + I_{B1}$$

Durch Elimination erhält man für I_{C1}

$$I_{C1} = B U_E \frac{R_P}{(R_4 + R_{B1} + BR_5)(R_E + R_P) + R_E^2}$$

Die Schaltspannung U_{EK1} ist demnach

$$U_{EK1} = \frac{U_{SD} + U_{BE2S}}{BR_1 R_P}\,[(R_4 + R_{B1} + BR_5)(R_E + R_P) + R_E^2]$$

5.4 DER SCHALTVORGANG BEI FALLENDEM EINGANGSSTROM

Nach erfolgtem Schalten leiten beide Transistoren. Im allgemeinen Fall wird Transistor T2 übersteuert sein. Ähnlich wie beim Schmitt-Trigger muß daher, um ein Zurückschalten zu erzwingen, die Übersteuerung von T2 aufgehoben werden. Der Eingangsstrom muß daher soweit verringert werden, bis R_{T2} formal den Wert R_R erreicht (Vergleiche die Kapitel über die Berechnung des Einschaltpunkts beim Schmitt-Trigger). Die Berechnung des Eingangsstroms I erfolgt nach dem vereinfachten Schaltbild Abb. 102. Es wurde angenommen, daß R_R verglichen mit anderen Widerstandswerten klein ist.

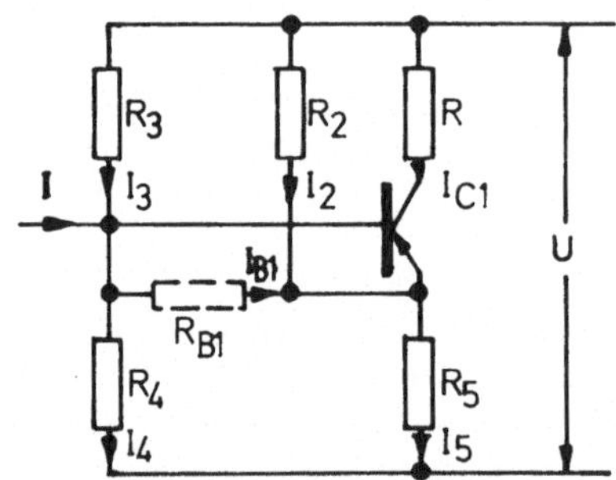

Abb. 102 Vereinfachtes Schaltbild zur Berechnung des Ausschaltpunktes

Aus Abb. 102 folgen die Beziehungen:

$$I_3 R_3 + I_4 R_4 = U$$

$$I_3 R_3 + I_{B1} R_{B1} + I_5 R_5 = U$$

$$I_3 + I = I_4 + I_{B1}$$

Der Spannungsabfall am Widerstand R_5

$$I_5 R_5 = R_5 (I_2 + I_{C1})$$

wird aus den Gleichungen

$$U = I_2 R_2 + I_5 R_5$$

$$I_5 = I_2 + B I_{B1}$$

berechnet. Für I_2 erhält man demnach

$$I_2 = \frac{U - B I_{B1} R_5}{R_2 + R_5}$$

Eingesetzt in die oben angeschriebenen Gleichungen

$$I_5 R_5 = U \frac{R_5}{R_2 + R_5} + \frac{B I_{B1} R_2 R_5}{R_2 + R_5}$$

Die zu Beginn der Rechnung angeschriebenen Beziehungen lauten demnach

$$I_3 R_3 + I_4 R_4 = U$$

$$I_3 R_3 + I_{B1} R_{B1} + \frac{B I_{B1} R_2 R_5}{R_2 + R_5} = U\left(\frac{R_2}{R_2 + R_5}\right)$$

$$I_3 + I = I_4 + I_{B1}$$

Durch schrittweise Elimination der Unbekannten erhält man als Resultat

$$I_{B1} = U \frac{(11)}{(12)} + I \frac{(13)}{(12)}$$

mit

$$(11) = \frac{R_2}{R_2 + R_5} - \frac{R_3}{R_3 + R_4}$$

$$(12) = \frac{R_4}{R_3 + R_4} + R_{B1} + \frac{B R_2 R_5}{R_2 + R_5}$$

$$(13) = \frac{R_3 R_4}{R_3 + R_4}$$

Weiters folgt aus Abb. 102 die Beziehung

$$U_{CE1} = U - I_{C1} R - I_5 R_5$$

Durch Einsetzen der oben abgeleiteten Formeln erhält man

$$U_{CE1} = U(14) + I(15)$$

mit

$$(14) = 1 - BR \frac{(11)}{(12)} - \frac{R_5}{R_2 + R_5} - \frac{B R_2 R_5}{R_2 + R_5} \frac{(11)}{(12)}$$

$$(15) = RB \frac{(13)}{(12)} + \frac{B R_2 R_5}{R_2 + R_5} \frac{(13)}{(12)}$$

Der Widerstand R_{T1} ist demnach

$$R_{T1} = \frac{U(14) + I(15)}{U(16) + I(17)} \qquad (16) = \frac{(11)}{(12)} \qquad (17) = \frac{(13)}{(12)}$$

Der kritische Punkt wird dann erreicht, wenn $R_{T2} = R_R$ ist:

$$R_R = \frac{(1)}{(6)} \frac{U(14) + I_K(15)}{U(16) + I_K(17)} + \frac{(2)}{(3)}$$

Von Interesse ist der Eingangsstrom I_K im Moment des Schaltens

$$I_K = U \frac{(14)-(16)(R_R - \frac{(2)}{(3)}) \frac{(6)}{(1)}}{(15) - (17)(R_R - \frac{(2)}{(3)}) \frac{(6)}{(1)}} = CU$$

Verwendet man anstelle einer Eingangsstromquelle eine Eingangsspannungsquelle, ergibt sich ein vereinfachtes Ersatzschaltbild nach Abb. 103. Der Schaltung Abb. 103 können folgende Beziehungen entnommen werden:

$$U_E = I_E R_E + I_4 R_4$$

$$I_4 + I_{B1} = I_3 + I_E \qquad I_3 R_3 = U - I_4 R_4$$

Für I_4 erhält man durch Einsetzen

$$I_4 = U \frac{(1 - R_3 C)}{R_3 + R_4} + \frac{I_E R_3}{R_3 + R_4}$$

Die Eingangsspannung im kritischen Punkt ist demnach:

$$U_{EK2} = U(C R_E + R_4 \frac{1 - R_3 C}{R_3 + R_4} + \frac{C R_3 R_4}{R_3 + R_4})$$

Die Ausschaltspannung ist proportional der Betriebsspannung U.

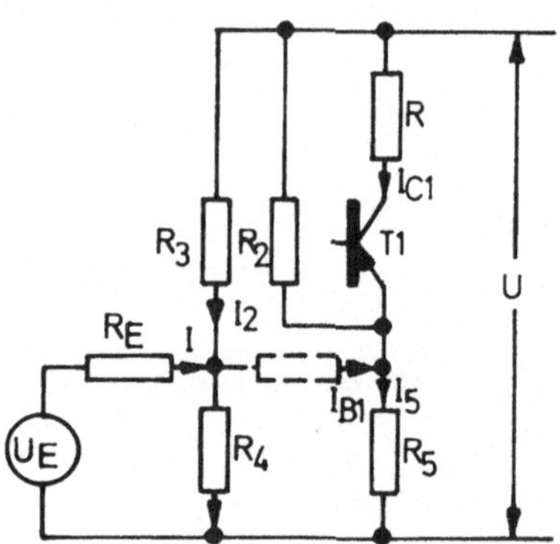

Abb. 103 Vereinfachtes Schaltbild zur Berechnung von U_{EK2}

5.5 DIE HYSTERESE

Entsprechend der Definition ist die Hysterese die Differenz zwischen Einschalt- und Ausschaltspannung:

$$U_{EK1} - U_{EK2}$$

Bei dem Betrachten der im vorigen Kapitel abgeleiteten Beziehungen für

U_{EK1} und U_{EK2}

fällt auf, daß zum Unterschied vom Schmitt-Trigger für U_{EK1} Größen verantwortlich sind, die bei der Berechnung von U_{EK2} nicht auftreten. Die Hysterese des vorliegenden Schalters ist daher in weiten Grenzen veränderlich, ohne gleichzeitig U_{EK1} zu verändern. U_{EK2} ist von der Übersteuerung von Transistor T2 abhängig. Bei der Berechnung von U_{EK1} kommt R_3 nicht vor. Während des Schaltvorgangs fließt jedoch der vom Transistor T2 kommende Basisstrom über R_3. Durch Veränderung von R_3 wird es daher möglich sein, den Kollektorstrom von Transistor T1 während des Schaltprozesses zu ändern. Es tritt derselbe Fall wie beim Schmitt-Trigger ein: sorgt man dafür, daß R_3 groß ist, wird die Schaltgeschwindigkeit entsprechend langsam sein, die Hysterese jedoch klein. Durch Verändern der entsprechenden Widerstände gelingt es, die Hysterese zum Verschwinden zu bringen [12].

5.6 DIE BERECHNUNG DES TRIGGERS MIT ZWEI KOMPLEMENTÄREN TRANSISTOREN

Ähnlich wie beim Schmitt-Trigger ist die Berechnung eines Triggers mit zwei komplementären Transistoren aufwendig. Zweckmäßig wird man die Berechnung einem Computer überlassen. Innerhalb weniger Sekunden erhält man auf diese Weise die Widerstandskombination, die die gestellten Bedingungen erfüllt.

Der Vorteil des komplementären Triggers gegenüber dem Schmitt-Trigger liegt in der Möglichkeit, den Ausschaltpunkt zu verändern, ohne gleichzeitig den Einschaltpunkt zu beeinflussen. Eine Problemstellung, die daher immer wieder auftaucht, ist folgende: es soll ein Schalter berechnet werden, dessen Hysterese annähernd null ist. Die Höhe des Einschaltpunktes hängt von den Größen

R1, R4, R5, RE

und der Schwellspannung des Transistors T2 ab, die Ausschaltspannung UEK2 hingegen außerdem noch von den Widerstandswerten R2 und R3. Die Berechnung wird daher in mehreren Schritten erfolgen: zuerst wird UEK1 berechnet. Danach wird R2 und R3 so lange variiert, bis

$$UEK1 \approx UEK2$$

ist. Ist das der Fall, muß man sich die Schaltbedingungen überlegen: es wurde schon erwähnt, daß

$$(10) = -R_2R_4 + R_3R_5$$

kleiner als null sein muß. Folgende Bedingungen kommen noch hinzu: der mit B multiplizierte Basisstrom von Transistor T1 muß größer als der größtmögliche Kollektorstrom von T1 sein, da nach erfolgtem Schalten Transistor T1 geöffnet sein soll. Außerdem muß der Basisstrom von Transistor T2 so hoch sein, daß T2 ebenfalls durchgeschaltet ist. Das entsprechende Rechenschema ist in Abb. 104 schematisch dargestellt. Ist eine der oben angeführten Bedingungen nicht erfüllt, so wird R2 und R3 entsprechend variiert, bis ein FIT auftritt.Erst wenn das Zahlenreservoir für R2 und R3 erschöpft ist, wird die Rechnung mit neuen Werten von R1,R4,R5 und RE fortgesetzt.

UEK1 = 1,03 Volt UEK2 = 1,06 Volt

Aus diesem Resultat geht hervor, daß die Hysterese innerhalb eines bestimmten Rahmens jeden Wert annehmen kann. Sie kann auch, wie im vorliegenden Fall, negativ werden.

Der Nachteil dieser Rechenmethode besteht darin, daß besonders die Variation von R2 und R3 sehr klein sein muß, um einen FIT zu erhalten. Es besteht ähnlich wie beim Schmitt-Trigger die Möglichkeit, zuerst für UEK2 ein breites Fenster zu wählen. Die entsprechenden Werte für R2 und R3 werden innerhalb eines bestimmten Bereichs (meist $\pm$ 10 %) so lange variiert, bis UEK2 innerhalb des engen Fensters liegt (Abb. 105). Die Rechnung läuft bis zur Festlegung von R1, R4 und RE wie bei Rechenschema Abb. 104 ab. Danach wird R2 und R3 entsprechend variiert, so lange bis UEK2 innerhalb eines relativ breiten Fensters liegt. Anschließend wird untersucht, ob UEK2 auch innerhalb des engen Fensters liegt. Ist das der Fall, werden die weiteren Tests durchgeführt. Liegt UEK2 zwar innerhalb des breiten Fensters, jedoch nicht innerhalb des engen

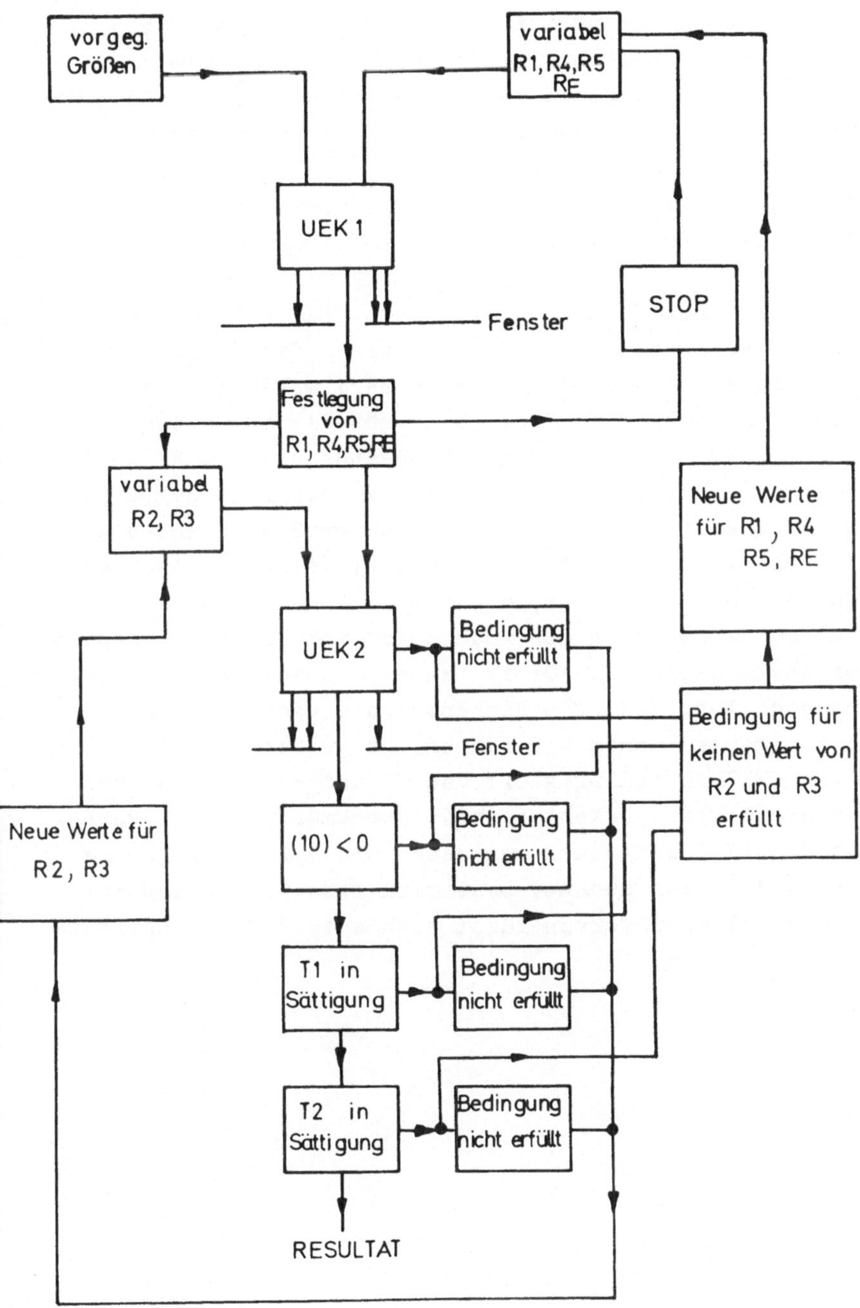

Abb. 104 Rechenschema zur Ermittlung eines hysteresefreien Spannungsschalters mit zwei komplementären Transistoren

Fensters, wird R2 und R3 um maximal ± 10 % variiert. Die Variation erfolgt in Stufen. Der Vorteil gegenüber dem Rechenschema Abb. 109 besteht darin, daß die Stufen klein sein können, ohne daß die Rechenzeit unvertretbar lang wird. Tritt innerhalb des Variationsgebietes von ± 10 % ein FIT auf, werden die entsprechenden Widerstandswerte festgehalten und die restlichen Tests durchgeführt.

Diese Methode ist nur dann sinnvoll, wenn UEK2 sehr stark mit R2 oder R3 verändert wird. Ist das nicht der Fall, so muß das breite Fenster entsprechend verkleinert werden und der Vorteil dieser Methode fällt weg. Sehr günstig ist diese Methode dann, wenn bei einer Widerstandsänderung von R2 und R3 um ± 10 % die Änderung von UEK2 ± 30 % oder mehr beträgt. Dann kann das breite Fenster entsprechend groß sein und die Wahrscheinlichkeit, einen FIT zu erhalten, ist groß. Aus den Rechnungen kann man entnehmen, daß tatsächlich geringe Änderungen von R2 und R3 große Änderungen von UEK2 verursachen. Ein Rechenschema nach Abb. 105 ist daher sinnvoller als eine Berechnung nach Abb. 104. Die Rechenmethode nach Abb. 104 wird umso weniger zu einem FIT führen, je größer die Veränderung von UEK2 in Abhängigkeit von R2 und R3 ist. Ist von vornherein nicht klar, welche Methode zweckmäßiger ist, kann man zuerst die IF-Bedingungen weglassen und UEK2 in Abhängigkeit von R2 und R3 vom Rechner bestimmen lassen. Aus den auf diese Weise erhaltenen Kurven lässt sich sofort die günstigste Rechenmethode ablesen.

Abb. 105 Rechenschema zur Ermittlung eines Spannungsschalters mit zwei komplementären Transistoren. UEK2 wird zuerst grob abgeschätzt, danach erfolgt eine Näherung in kleinen Schritten.

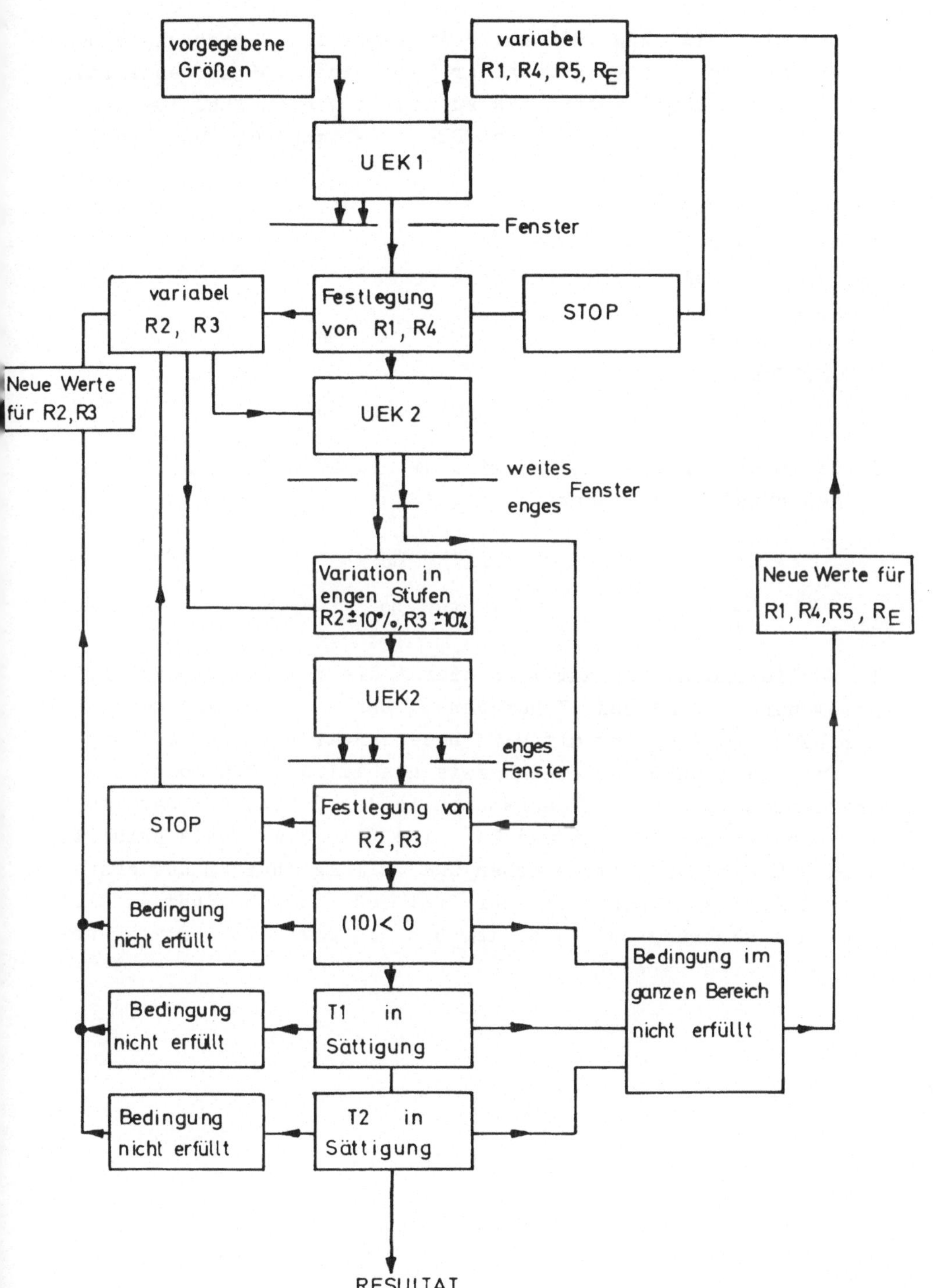

vorgegebene Größen
variabel R1, R4, R5, R_E
UEK1
Fenster
variabel R2, R3
Festlegung von R1, R4
STOP
Neue Werte für R2, R3
UEK 2
weites
Fenster
enges
Variation in engen Stufen R2 ±10%, R3 ±10%
Neue Werte für R1, R4, R5, R_E
UEK2
enges Fenster
STOP
Festlegung von R2, R3
Bedingung nicht erfüllt
(10) < 0
Bedingung im ganzen Bereich nicht erfüllt
Bedingung nicht erfüllt
T1 in Sättigung
Bedingung nicht erfüllt
T2 in Sättigung
RESULTAT

In Tabelle 8 ist das FORTRAN IV Programm zur Berechnung eines komplementären Spannungsschalters nach Abb. 105 aufgestellt. Das Programm läuft zuerst bis zu Test 3 wie in Abb. 109 ab. Bei Test 3 wird untersucht, ob UEK 2 zwischen 0,5 und 1,5 Volt liegt:

IF (UEK2 - 0.5).....

IF (1.5 - UEK2).......

Ist das der Fall, wird die Schleife

DO 4

durch den Befehl

4 CONTINUE

geschlossen und die Rechnung geht bei 8 weiter.

In der nächsten DO-Schleife wird R2 und R3 um maximal 10 % folgendermaßen verändert:

$$R3 \pm \frac{R3}{IA} \qquad IA = 10, 110, 210, \ldots 1010$$

$$R2 \pm \frac{R2}{IB} \qquad IB = 10, 110, 210, \ldots 1010$$

Im vorliegenden Programm wird zuerst die positive 10prozentige Abweichung von R2 und R3 berechnet. Der so erhaltene neue Wert für UEK2, im Programm mit UEK3 bezeichnet, wird in Test 5 geprüft. Liegt UEK3 im Bereich zwischen 1.1 und 0.9 Volt, wird untersucht, ob beide Transistoren in das Gebiet der Sättigung gelangen können (Test 6 und 7). Sind alle drei Tests erfüllt, wird die Rechnung unterbrochen und es folgt bei 22 der Schreibbefehl. Ist zumindest eine der drei Bedingungen nicht erfüllt, geht die Rechnung bei 14 weiter und die maximale negative Abweichung wird berechnet.

Tabelle 8: FORTRAN IV Programm zur Ermittlung eines hysteresefreien komplementären Spannungsschalters nach einem Zweistufen-Programm. Zuerst wird R2 und R3 in groben Stufen solange verändert, bis die Abweichung von dem gewünschten FIT $\pm$ 50 % beträgt. Danach wird in engen Stufen an den FIT angenähert.

```
VORGEGEBENE GROESSEN
------------------------------------------------------------------------
U=10
US=0.4
RB1=1000.
RB2=1000.
RR=10.
B=100.

VARIABLE GROESSEN
------------------------------------------------------------------------
DO 1 I=1000,21000,20000
R1=I
DO 1 J=1000,21000,20000
R4=J
DO 1 K=100,1000,100
R5=K
DO 1 L=1000,21000,20000
RE=L

TEST 1 : BERECHNUNG VON UEK1
------------------------------------------------------------------------
R=(R1*RB2)/(R1+RB2)
UEK1=(US*(R4+RB1+B*R5)*(RE+R4)+RE**2)/(B*R1*R4)
IF(UEK1-0.9)1,2,2
IF(1.1-UEK1)1,3,3

BERECHNUNG DER GROESSEN (1) BIS (10)
------------------------------------------------------------------------
DO 4 N=1000,31000,2000
R3=N
DO 4 M=1000,31000,2000
R2=M
 AA=(R1*R2*RB1)/B+(R1*R2*R4)/B+(R1*R2*R5)/B+(R1*R3*RB1)/B+(R1*R3*
1R4)/B+(R1*R3*R5)/B+(R1*R4*RB1)/B+(R1*R5*RB1)/B+(RB2*R2*RB1)/B+(R
2B2*R2*R4)/B+(RB2*R2*R5)/B+(RB2*R3*RB1)/B+(RB2*R3*R4)/B+(RB2*R3*
3R5)/B+(RB2*R4*RB1)/B+(RB2*R5*RB1)/B
 AB=-R1*R2*R3*RB1-R1*R2*R4*RB1-R1*R2*R3*R4-R1*R2*R3*R5+(R1*R5*R2*
1RB1)/B+(R5*RB2*R2*RB1)/B+(R1*RB2*R2*RB1)/B+(R1*RB2*R2*R4)/B+(R1*
2RB2*R2*R5)/B+(R1*RB2*R3*RB1)/B+(R1*RB2*R3*R4)/B+(R1*RB2*R3*R5)/B
3+(R1*RB2*R4*RB1)/B+(R1*RB2*R5*RB1)/B
 AC=R1*R2*R4+R1*R3*R4+R1*R2*R5+R1*R3*R5+R1*R2*RB1+R1*R3*RB1+R1*R4
1*RB1+R1*R5*RB1
 AD=R1*R4*R5*RB1+R1*R2*R4*R5+R1*R3*R5*RB1+R1*R3*R4*R5+(RB2*R4*R5*
1RB1)/B+(RB2*R2*R5*RB1)/B+(RB2*R2*R4*R5)/B+(RB2*R3*R5*RB1)/B+(RB2
2*R3*R4*R5)/B+(R1*R4*R5*RB1)/B+(R1*R2*R5*RB1)/B+(R1*R2*R4*R5)/B+(
3R1*R3*R5*RB1)/B+(R1*R3*R4*R5)/B+(R1*RB1*RB2*R4)/B+(R1*RB2*RB1*R5
4)/B+(R1*RB2*R2*R4)/B+(R1*RB2*R2*R5)/B+(R1*RB2*R2*RB1)/B+(R1*RB2*
```

```
5R3*R4)/B+(R1*RB2*R3*R5)/B+(R1*RB2*R3*RB1)/B
 AE=-R*R3*R5-R2*R3*R5-(R3*R2*R4)/B-(R2*R3*R5)/B-(R2*R3*RB1)/B-(R2*
1R4*RB1)/B+R*R2*R4
 AF=-R2*R5-(R2*R4)/B-(R2*R5)/B-(R2*RB1)/B-R3*R5-(R3*R4)/B-(R3*R5)
1/B-(R3*RB1)/B-(R4*RB1)/B-(R5*RB1)/B
 AG=-R2*R3*R5-R2*R4*R5-(R2*R3*R5)/B-(R2*R3*R4)/B-(R2*R3*RB1)/B-(
1R2*R4*RB1)/B-(R2*R4*R5)/B-(R3*R4*R5)/B-(R3*R5*RB1)/B-(R4*R5*RB1)/
2B
 AH=-R2*R4+R3*R5

  TEST 2 : (10) KLEINER ALS NULL
  ----------------------------------------------------------------------
  IF(AH)6,4,4
6 BA=R2/(R2+R5)-R3/(R3+R4)
  BB=R4/(R3+R4)+RB1+(B*R2*R5)/(R2+R5)
  BC=(R3*R4)/(R3+R4)
  BD=1.-(B*R*BA)/BB-R5/(R2+R5)-(B*R2*R5*BA)/((R2+R5)*BB)
  BE=(R*B*BC)/BB+(B*R2*R5*BC)/((R2+R5)*BB)
  BF=BA/BB
  BG=BC/BB
  C=(BD-BF*(RR-(AB/AC))*(AE/AA))/(BE-BG*(RR-(AB/AC))*(AF/AA))

  TEST 3: GROBE ANNAEHERUNG AN DEN FIT
  ----------------------------------------------------------------------
  UEK2=U*(C*RE+(R4*(1.-R3*C))/(R3+R4)+(C*R3*R4)/(R3+R4))
  IF(UEK2-0.5)4,7,7
7 IF(1.5-UEK2)4,8,8
4 CONTINUE

  VARIATION VON R2 UND R3
  ----------------------------------------------------------------------
8 DO 11 JA=10,1010,100
  S1=R3+R3/JA
  S2=R3-R3/JA
  DO 11 JB=10,1010,100
  S3=R2+R2/JB
  S4=R2-R2/JB

   TEST 4: (10) KLEINER ALS NULL
   ---------------------------------------------------------------------
   CA=-S3*R4+S1*R5
   IF(CA)13,14,14
13 FA=(R1*S3*RB1)/B+(R1*S3*R4)/B+(R1*S3*R5)/B+(R1*S1*RB1)/B+(R1*S1*
  1R4)/B+(R1*S1*R5)/B+(R1*R4*RB1)/B+(R1*R5*RB1)/B+(RB2*S3*RB1)/B+(R
  2B2*S3*R4)/B+(RB2*S3*R5)/B+(RB2*S1*RB1)/B+(RB2*S1*R4)/B+(RB2*S1*
  3R5)/B+(RB2*R4*RB1)/B+(RB2*R5*RB1)/B
   FB=-R1*S3*S1*RB1-R1*S3*R4*RB1-R1*S3*S1*R4-R1*S3*S1*R5+(R1*R5*S3*
  1RB1)/B+(R5*RB2*S3*RB1)/B+(R1*RB2*S3*RB1)/B+(R1*RB2*S3*R4)/B+(R1*
  2RB2*S3*R5)/B+(R1*RB2*S1*RB1)/B+(R1*RB2*S1*R4)/B+(R1*RB2*S1*R5)/B
  3+(R1*RB2*R4*RB1)/B+(R1*RB2*R5*RB1)/B
   FC=R1*S3*R4+R1*S1*R4+R1*S3*R5+R1*S1*R5+R1*S3*RB1+R1*S1*RB1+R1*R4
  1*RB1+R1*R5*RB1
   FE=-R*S1*R5-S3*S1*R5-(S1*S3*R4)/B-(S3*S1*R5)/B-(S3*S1*RB1)/B-(S3*
  1R4*RB1)/B+R*S3*R4
   FA=S3/(S3+R5)-S1/(S1+R4)
   FB=R4/(S1+R4)+RB1+(B*S3*R5)/(S3+R5)
   FC=(S1*R4)/(S1+R4)
```

```
      FD=1.-(B*R*FA)/FB-R5/(S3+R5)-(B*S3*R5*FA)/((S3+R5)*FB)
      FE=(R*B*FC)/FB+(B*S3*R5*FC)/((S3+R5)*FB)
      FF=FA/FB
      FG=FC/FB
      F=(FD-FF*(RR-(EB/EC))*(EE/EA))/(FE-FG*(RR-(EB/EC))*(EE/EA))

      TEST 5: UEK3 LIEGT IM BEREICH VON UEK1
      ------------------------------------------------------------------
      UEK3=U*(F*RE+(R4*(1.-S1*F))/(S1+R4)+(F*S1*R4)/(S1+R4))
      IF(UEK3-0.9)14,15,15
   15 IF(1.1-UEK3)14,16,16
   16 FD=R1*R4*R5*RB1+R1*S3*R4*R5+R1*S1*R5*RB1+R1*S1*R4*R5+(RB2*R4*R5*
     1RB1)/B+(RB2*S3*R5*RB1)/B+(RB2*S3*R4*R5)/B+(RB2*S1*R5*RB1)/B+(RB2
     2*S1*R4*R5)/B+(R1*R4*R5*RB1)/B+(R1*S3*R5*RB1)/B+(R1*S3*R4*R5)/B+(
     3R1*S1*R5*RB1)/B+(R1*S1*R4*R5)/B+(R1*RB1*RB2*R4)/B+(R1*RB2*RB1*R5
     4)/B+(R1*RB2*S3*R4)/B+(R1*RB2*S3*R5)/B+(R1*RB2*S3*RB1)/B+(R1*RB2*
     5S1*R4)/B+(R1*RB2*S1*R5)/B+(R1*RB2*S1*RB1)/B
      EF=-S3*R5-(S3*R4)/B-(S3*R5)/B-(S3*RB1)/B-S1*R5-(S1*R4)/B-(S1*R5)
     1/B-(S1*RB1)/B-(R4*RB1)/B-(R5*RB1)/B
      EG=-S3*S1*R5-S3*R4*R5-(S3*S1*R5)/B-(S3*S1*R4)/B-(S3*S1*RB1)/B-(
     1S3*R4*RB1)/B-(S3*R4*R5)/B-(S1*R4*R5)/B-(S1*R5*RB1)/B-(R4*R5*RB1)/
     2B

      TEST 6: T1 ERREICHT SAETTIGUNG
      ------------------------------------------------------------------
      REAL*8 IC1M
      IC1M=(U*CA)/(EG+EF*RR)
      B1=U*B*FF
      IF(B1-IC1M)14,21,21

      TEST 7: T2 ERREICHT SAETTIGUNG
      ------------------------------------------------------------------
   21 B2=B*(IC1M*R1)/(RB2+R1)
      REAL*8 IC2M
      IC2M=(U*EC)/(EA*RR+ED)
      IF(B2-IC2M)14,22,22

      TEST 8: (10) KLEINER ALS NULL
      ------------------------------------------------------------------
   14 CB=-S4*R4+S2*R5
      IF(CB)17,11,11
   17 GA=(R1*S4*RB1)/B+(R1*S4*R4)/B+(R1*S4*R5)/B+(R1*S2*RB1)/B+(R1*S2*
     1R4)/B+(R1*S2*R5)/B+(R1*R4*RB1)/B+(R1*R5*RB1)/B+(RB2*S4*RB1)/B+(R
     2B2*S4*R4)/B+(RB2*S4*R5)/B+(RB2*S2*RB1)/B+(RB2*S2*R4)/B+(RB2*S2*
     3R5)/B+(RB2*R4*RB1)/B+(RB2*R5*RB1)/B
      GB=-R1*S4*S2*RB1-R1*S4*R4*RB1-R1*S4*S2*R4-R1*S4*S2*R5+(R1*R5*S4*
     1RB1)/B+(R5*RB2*S4*RB1)/B+(R1*RB2*S4*RB1)/B+(R1*RB2*S4*R4)/B+(R1*
     2RB2*S4*R5)/B+(R1*RB2*S2*RB1)/B+(R1*RB2*S2*R4)/B+(R1*RB2*S2*R5)/B
     3+(R1*RB2*R4*RB1)/B+(R1*RB2*R5*RB1)/B
      GC=R1*S4*R4+R1*S2*R4+R1*S4*R5+R1*S2*R5+R1*S4*RB1+R1*S2*RB1+R1*R4
     1*RB1+R1*R5*RB1
      GE=-R*S2*R5-S4*S2*R5-(S2*S4*R4)/B-(S4*S2*R5)/B-(S4*S2*RB1)/B-(S4*
     1R4*RB1)/B+R*S4*R4
      HA=S4/(S4+R5)-S2/(S2+R4)
      HB=R4/(S2+R4)+RB1+(B*S4*R5)/(S4+R5)
      HC=(S2*R4)/(S2+R4)
      HD=1.-(B*R*HA)/HB-R5/(S4+R5)-(B*S4*R5*HA)/((S4+R5)*HB)
      HE=(R*B*HC)/HB+(B*S4*R5*HC)/((S4+R5)*HB)
```

```
      HF=HA/HB
      HG=HC/HB
      H=(HD-HF*(RR-(GB/GC))*(GE/GA))/(HE-HG*(RR-(GB/GC))*(GE/GA))

         TEST 9: UEK4 LIEGT IM BEREICH VON UEK1
         ----------------------------------------------------------------------
         UEK4=U*(H*RE+(R4*(1.-S2*H))/(S2+R4)+(H*S2*R4)/(S2+R4))
         IF(UEK4-0.9)11,18,18
   18    IF(1.1-UEK4)11,19,19
   19    GD=R1*R4*R5*RB1+R1*S4*R4*R5+R1*S2*R5*RB1+R1*S2*R4*R5+(RB2*R4*R5*
        1RB1)/B+(RB2*S4*R5*RB1)/B+(RB2*S4*R4*R5)/B+(RB2*S2*R5*RB1)/B+(RB2
        2*S2*R4*R5)/B+(R1*R4*R5*RB1)/B+(R1*S4*R5*RB1)/B+(R1*S4*R4*R5)/B+(
        3R1*S2*R5*RB1)/B+(R1*S2*R4*R5)/B+(R1*RB1*RB2*R4)/B+(R1*RB2*RB1*R5
        4)/B+(R1*RB2*S4*R4)/B+(R1*RB2*S4*R5)/B+(R1*RB2*S4*RB1)/B+(R1*RB2*
        5S2*R4)/B+(R1*RB2*S2*R5)/B+(R1*RB2*S2*RB1)/B
          GF=-S4*R5-(S4*R4)/B-(S4*R5)/B-(S4*RB1)/B-S2*R5-(S2*R4)/B-(S2*R5)
        1/B-(S2*RB1)/B-(R4*RB1)/B-(R5*RB1)/B
          GG=-S4*S2*R5-S4*R4*R5-(S4*S2*R5)/B-(S4*S2*R4)/B-(S4*S2*RB1)/B-(
        1S4*R4*RB1)/B-(S4*R4*R5)/B-(S2*R4*R5)/B-(S2*R5*RB1)/B-(R4*R5*RB1)/
        2B

      TEST 10:T1 ERREICHT SAETTIGUNG
      ----------------------------------------------------------------------
      REAL*8 IC1M
      IC1M=(U*CB)/(GG+GF*RR)
      B1=U*B*HF
      IF(B1-IC1M)11,23,23

          TEST 11:T2 ERREICHT SAETTIGUNG
          ----------------------------------------------------------------------
   23     B2=B*(IC1M*R1)/(RB2+R1)
          REAL*8 IC2M
          IC2M=(U*GC)/(GA*RR+GD)
          IF(B2-IC2M)11,24,24
   11     CONTINUE
    1     CONTINUE
   22     WRITE(6,30)R1,S3,S1,R4,R5,RE,UEK1,UEK2,UEK3
          GO TO 20
   24     WRITE(6,30)R1,S4,S2,R4,R5,RE,UEK1,UEK2,UEK4
   20     CONTINUE
   30     FORMAT(6E18.6)
          RETURN
          END
```

R1 = 1 KOhm	R4 = 21 KOhm	UEK1 = 0,946 V
R2 = 1,1 **KOhm**	R5 = 700 Ohm	UEK2 = 1,323 V
R3 = 5,045 KOhm	RE = 21 KOhm	UEK3 **bzw. UEK4** = 1,012 V

Tritt bei positiver oder negativer Abweichung ein FIT auf, wird die DO-Schleife unterbrochen und die Rechnung endet je nach Vorzeichen der Abweichung bei 22 oder 24 und die Resultate werden vorgedruckt.
Die erhaltenen Resultate lauten:

R1 = 1 kOhm
R2 = 1,1 kOhm
R3 =5,05 kOhm
R4 = 21 kOhm
R5 = 700 Ohm
RE = 21 kOhm

UEK1 liegt bei 0,94 Volt. Die erste grobe Annäherung ergibt einen Wert für UEK2 von 1,32 Volt. Durch Variation von R2 und R3 erhält man den verbesserten Wert von UEK2 : 1,01 Volt.

Die Rechenzeit zur Ermittlung eines FIT's beträgt im vorliegenden Fall ca. 5 sec., ist also nicht wesentlich höher als bei dem kurz aussehenden Programm nach Abb. 104. Daraus kann man schon erkennen, daß ein Suchprogramm nach Tabelle 8 in vielen Fällen zu kürzeren Rechenzeiten führen wird, da nicht nur die Rechenzeit eines einzigen Suchvorgangs berücksichtigt werden muß, sondern auch die Zahl der gescheiterten Versuche, mit den vorgegebenen Angaben zu einem FIT zu gelangen.

ANHANG I :

HALBLEITER-BAUELEMENTE ALS SPANNUNGSSCHALTER

Neben der Entwicklung von transistorisierten Spannungsschaltern wurde versucht, Halbleiter-Bauelemente zu entwickeln, deren Charakteristik der eines Spannungsschalters ähnlich ist. Unterhalb einer definierten Spannung stellt der Halbleiter-Spannungs-Schalter entweder einen hochohmigen oder einen niederohmigen Widerstand dar. Bei Überschreiten dieses Spannungswertes ändert sich die Leitfähigkeit sprungartig. Die Idee, anstelle von Spannungsschalters mit diskreten Bauelementen kippfähige Bauelemente zu verwenden, taucht bereits in der Röhrentechnik auf. So wurden zum Beispiel die physikalischen Eigenschaften von gasgefüllten Röhren dazu ausgenutzt, um Schwellwertschaltungen durchzuführen.

Mit der Entdeckung des Halbleiters und der Beherrschung der Sperrschicht-Technologie entstanden neue Bauelemente, die ähnliche Charakteristiken wie die Spannungsschalter aufweisen. Die wichtigsten dieser Halbleiter-Spannungsschalter werden im folgenden kurz besprochen.

A1 DIE TUNNELDIODE

Der Kern eines Atoms ist positiv geladen, die ihn umgebenden Elektronen negativ. Bei einem neutralen Atom ist die Summe der Elektronenladungen gleich der Ladung des Kerns, das Atom erscheint daher für einen außenstehenden Beobachter als ungeladen. Die den Kern umgebenden Elektronen können nur bestimmte Energiewerte annehmen. Dazwischen liegen die sogenannten verbotenen Gebiete. Bringt man in die Nähe eines Atoms ein weiteres Atom, so wird das Feld zwischen den Elektronen und den entsprechenden Kernen verändert. In der Nähe der Kerne wird die Veränderung geringfügig sein, je weiter man jedoch zu den äußeren Elektronen gelangt, desto mehr wird das Feld des Nachbaratoms beeinflußt werden. Während bei einem einzelnen Atom die Elektronen nur einen bestimmten, genau definierten Energiewert besitzen können, verbreitern sich bei einem Kristall die erlaubten Energiegebiete. Für den Elektroniker sind nur die beiden äußersten Energiebänder interessant, nämlich das Valenzband und das Leitfähigkeitsband, obwohl auch die niederenergetischen Bänder mit Elektronen gefüllt sind (Abb. A1). Durch Einführen von Fremdatomen (sogenanntes Dotieren) wird die elektrische Leitfähigkeit des Kristalls beeinflußt: durch Dotieren von Atomen, die weniger Elektronen in der Außenschale besitzen als der Großteil der übrigen Atome, erzeugt man die sogenannte p-Leitfähigkeit. Die Fehlstellen können sich ähnlich wie freie Ladungsträger im Kristall bewegen. Durch Dotieren mit Atomen, die mehr Elektronen als die Kristallatome besitzen, die sogenannte n-Leitfähigkeit: die Überschußelektronen können sich frei bewegen. Bringt man einen p- und einen n-Halbleiter zusammen, so bildet sich eine Sperrschicht, die je nach dem Vorzeichen der angelegten Spannung entweder einen hochohmigen oder einen niederohmigen Widerstand darstellt. Eine solche Anordnung wirkt als Halbleiterdiode (Abb. A2).

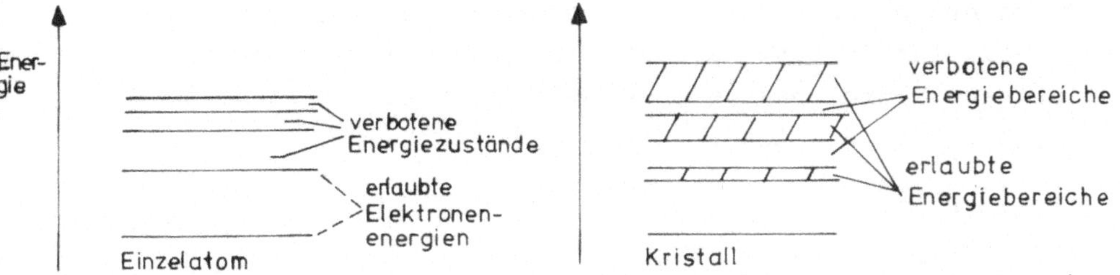

Abb. A1 Schematische Darstellung der erlaubten Energieniveaus bei einem Einzelatom und einem Kristall

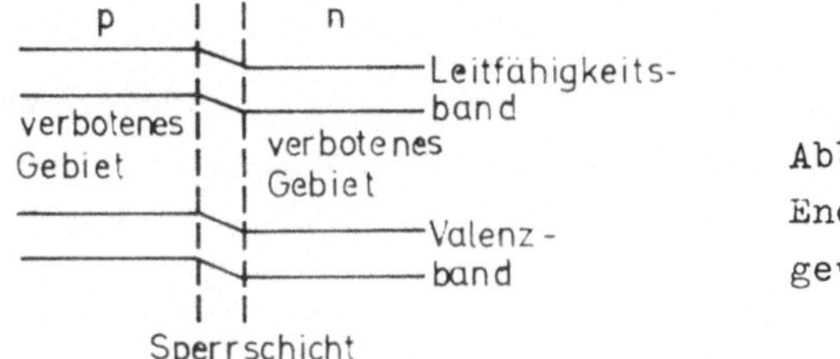

Abb. A2
Energie -Niveaus bei einer gewöhnlichen Halbleiterdiode

Bei starker Dotierung sind die beiden Leitfähigkeitsbänder sehr stark gegeneinander versetzt (Abb. A3).

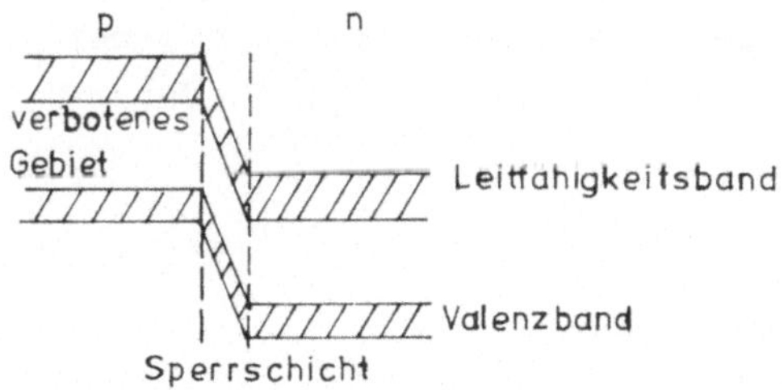

Abb. A3 Energie-Niveaus bei einem hochdotierten p-n Übergang

Bei Anlegen einer Spannung in Durchlassrichtung steigt der Strom zuerst an. Die beiden Energieniveaus werden mit zunehmender Spannung gegeneinander verschoben (Abb. A4). Die Verschiebung geht so lange vor sich, bis die Elektronen im Leitfähigkeitsband der n-Schicht dieselbe Energie besitzen wie die freien Plätze im Valenzband der p-Schicht. Nach den Aussagen der Quantenmechanik können in dieser Situation die Elektronen den Potenialwall überwinden und auf der anderen

Seite erscheinen. Diesen Effekt bezeichnet man als Tunneleffekt. Das Verschwinden von Ladungsträgern aus dem Leitfähigkeitsband bedeutet, daß der Strom in der Diode sehr rasch sinkt, die Diode wird hochohmiger.

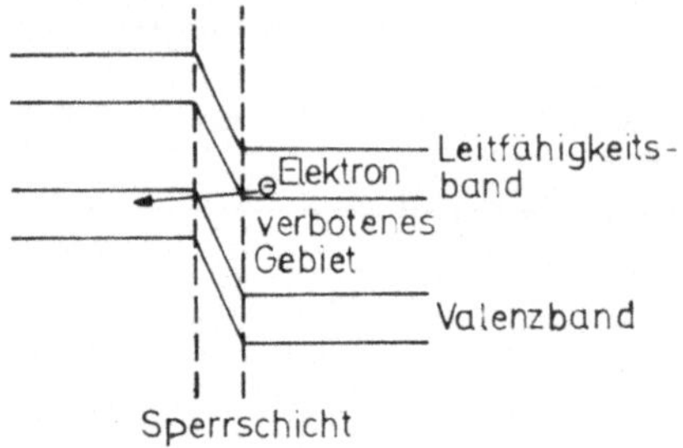

Abb. A4 Verschiebung der Energieniveaus bei einem hochdotierten p-n-Übergang durch Anlegen einer Spannung in Diodendurchlassrichtung

Bei weiterer Erhöhung der angelegten Spannung werden die Energieniveaus so weit gegeneinander verschoben, daß der Energiezustand einer normalen Halbleiterdiode erreicht wird (Abb. A2).Hochdotierte Dioden, bei denen der Tunneleffekt auftritt, bezeichnet man als Tunnel-Dioden oder nach dem Entdecker des Effekts als Esaki-Dioden. Die Kennlinie einer normalen Diode und einer Tunnel-Diode ist in Abb. A5 dargestellt.

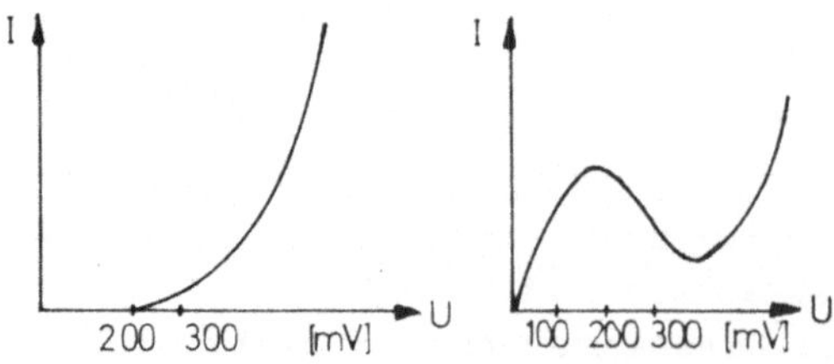

Abb. A5 Kennlinie einer normalen Diode und einer Tunnel-Diode

Der Tunneleffekt setzt bei einer Spannung zwischen 100 und 500 mV ein. Ein Schaltzweipol mit einem Widerstand und einer Tunneldiode nach Abb. A6 ist nur dann sinnvoll, wenn die Eingangsspannung den Talwert der Tunneldiode nicht wesentlich überschreitet.

Da der Ausgangsspannungssprung bei Schaltung Abb. A6 relativ gering ist, kann man die Tunnel-Diode zwischen Basis und Emitter eines Transistors schalten (Abb. A7) [13]. Bei niedrigen Eingangsspannungswerten wird der Transistor nur einen geringen Kollektorstrom führen. Erst nach erfolgtem Schalten wird der Kollektorstrom ansteigen. Die Schaltung Abb. A7 arbeitet daher ähnlich wie ein Schmitt-Trigger ohne Versorgungsspannung im Ub-Betrieb als Schaltzweipol.

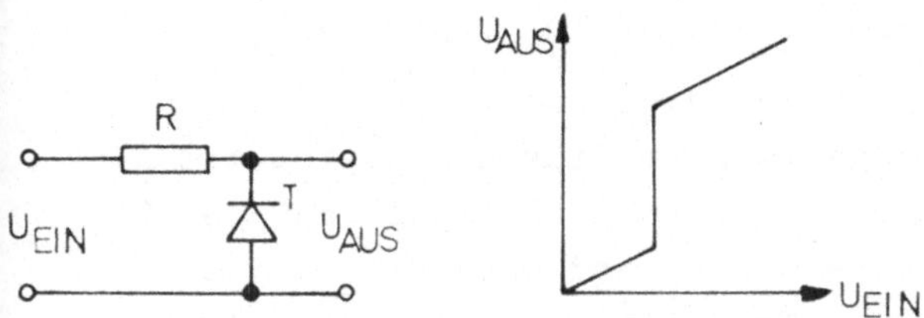

Abb. A6 Kombination einer Tunneldiode mit einem Widerstand

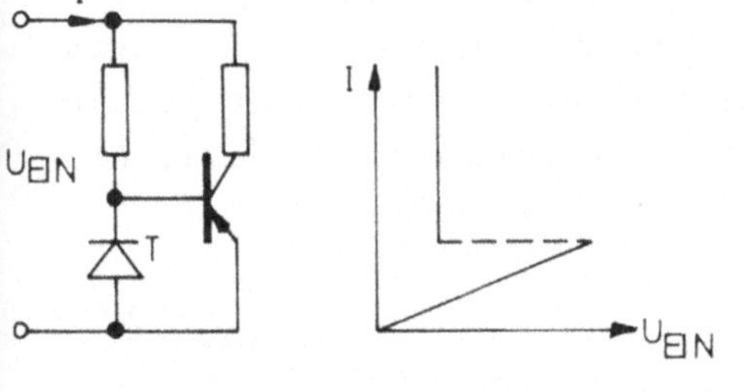

Abb. A7
Schaltzweipol aus Tunneldiode und Transistor

Die Tunnel-Diode hat gegenüber den Spannungsschaltern mit zwei Transistoren den Vorteil, daß die Schaltspannung bei relativ geringen Spannungswerten liegt. Es wurde daher vorgeschlagen, Tunnel-Diode und Schmitt-Trigger miteinander zu kombinieren [14] , um im Bereich von mehreren hundert Millivolt noch schalten zu können (Abb. A8)

Die Koppelung zwischen Tunnel-Diode und Schmitt-Trigger erfolgt über einen Kondensator, der die Spannung, die an der Tunnel-Diode liegt, differenziert. Diese Kopplungsmethode hat den Vorteil, daß die Zweideutigkeit der Tunnel-Dioden-Kennlinie nicht mehr die Aussage über den Schaltzustand der Diode verfälscht.

Zusammenfassend kann daher gesagt werden: Die Tunneldiode besitzt gegenüber den Spannungsschaltern mit zwei Transistoren den Vorteil, daß der Schaltvorgang wesentlich schneller ab-

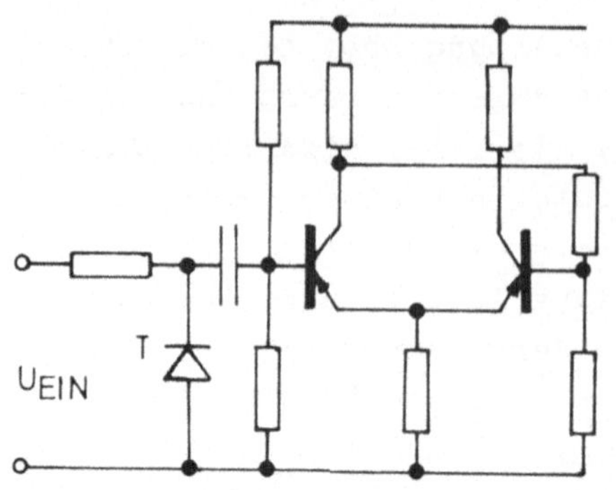

Abb. A8
Kombination von Schmitt-Trigger und Tunnel-Diode

läuft. Der Schaltpegel ist jedoch sehr niedrig und außerdem folgt auf das Gebiet mit negativem Anstieg ein Gebiet mit positivem Anstieg der Kennlinie. Der Schaltimpuls muß daher mit Hilfe von Transistoren verstärkt und eindeutig gemacht werden. Das Hinzuschalten von Transistoren hat jedoch den Nachteil, daß der ursprüngliche Vorteil der Tunnel-Diode, die schnelle Schaltzeit, weitgehendst zunichte gemacht wird. Die Tunnel-Diode wird daher hauptsächlich in logischen Schaltungen verwendet werden, in der die Schaltgeschwindigkeit entsprechend hoch sein muß, die Eingangsspannung hingegen begrenzt ist, um Zweideutigkeiten in der Schaltaussage zu vermeiden.

A2 DER UNIJUNCTION-TRANSISTOR

Der Aufbau des Unijunction-Transistors ist in Abb. A9 dargestellt.

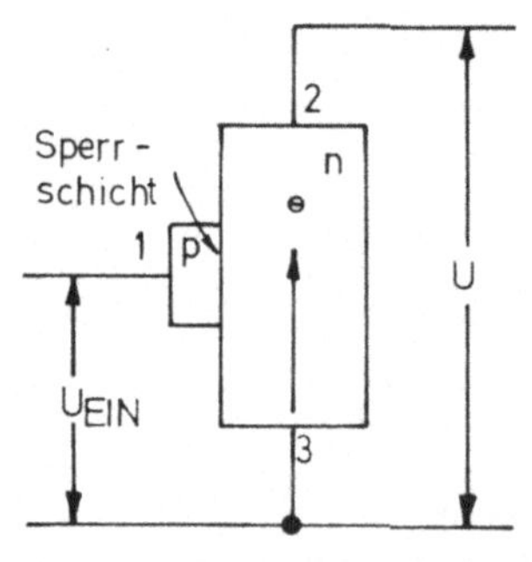

Abb. A9 Aufbau eines Unijunction-Transistors

Bei Eingangsspannung 0 fließen über den n-leitenden Kristall Elektronen. An der Grenze des p- und des n-dotierten Materials bildet sich eine Sperrschicht aus. Die Spannung an der Sperrschicht hängt vom Spannungsteiler-Verhältnis der n-Schicht (Abb. A10) und der Spannung U ab. Wird die Eingangsspannung soweit erhöht, daß die p-n Schicht in Durchlass-Richtung gepolt ist, fließt ein Teil der Elektronen zur Sperrschicht (Abb. A11).

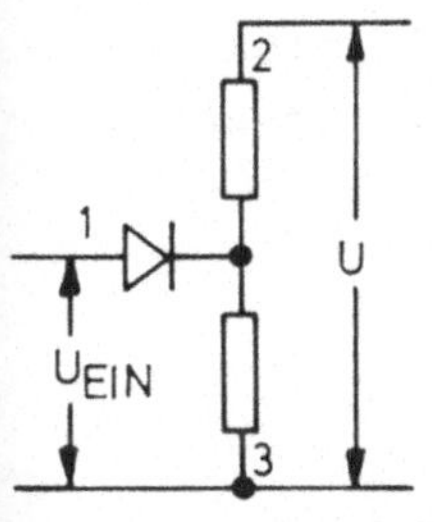

Abb. A10 Vereinfachte Ersatzschaltung des Unijunction-Transistors

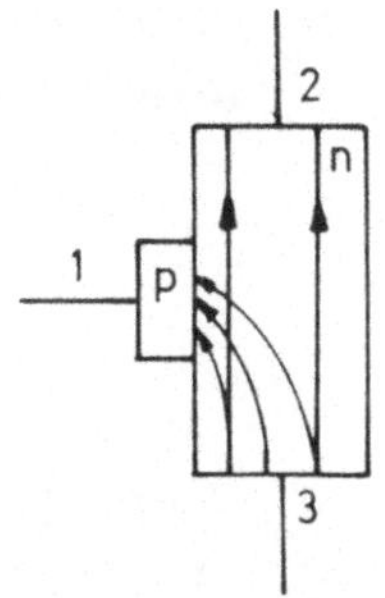

Abb. A11 Stromfluß in Durchlassrichtung des p-n Übergangs

Die Strecke zwischen den Anschlüssen 1 und 3 wird niederohmig. Der Stromfluß über die Sperrschicht hört erst dann auf, wenn die Eingangsspannung auf null bzw. annähernd null absinkt.

Der Unijunction-Transistor besitzt gegenüber der Tunnel-Diode den Vorteil, daß die Einschaltspannung innerhalb eines großen Bereichs durch Verändern von U variiert werden kann. Die Ausschaltspannung kann jedoch nicht verändert werden. Der Unijunction-Transistor wird daher hauptsächlich als Grenzwertschalter bei Sägezahn-Generatoren Verwendung finden (Abb. A12).

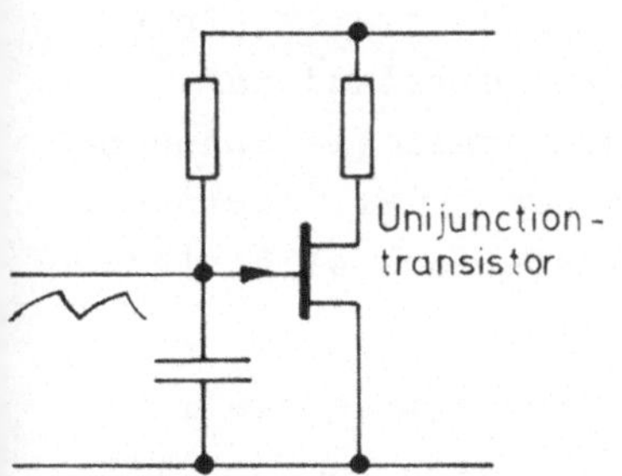

Abb. A12
Unijunction-Transistor als Sägezahngenerator

A3 DIE VIERSCHICHTDIODE

Die Vierschicht-Diode besteht aus zwei p- und zwei n-Schichten, die abwechselnd hintereinander geschaltet sind (Abb. A13).

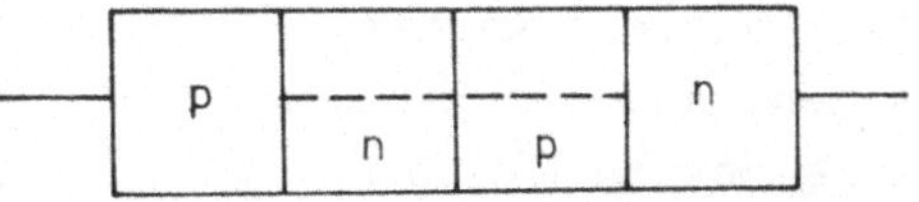

Abb. A13 Aufbau einer Vierschicht-Diode

Die Vierschicht-Diode lässt sich entlang der strichlierten Linie formal in zwei Bauteile mit je zwei Sperrschichten zerlegen (Abb. A14).

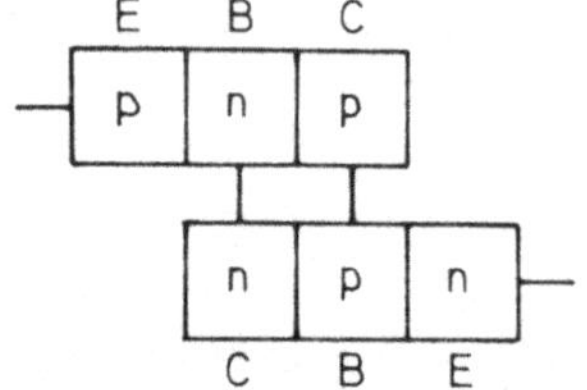

Abb. A14
Zerlegung einer Vierschicht-Diode in zwei getrennte Bauteile

Betrachtet man die beiden getrennten Bauteile als Transistoren, so erhält man als Ersatzschaltbild für die Vierschichtdiode einen Spannungsschalter, der im wesentlichen dem Spannungsschalter mit zwei komplementären Transistoren in Abb. 98 entspricht (Abb. A15).

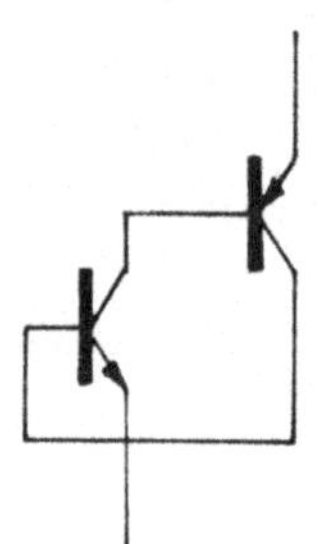

Abb. A 15
Ersatzschaltbild einer Vierschichtdiode

Die Überlegungen aus Kapitel 4.3.3 und Kapitel 5 können zur Ermittlung der Kennlinie herangezogen werden. Unterhalb einer bestimmten Spannung sperren beide Transistoren, die Vierschichtdiode stellt einen hochohmigen Widerstand dar. Erreicht die angelegte Spannung den kritischen Punkt, beginnen beide Transistoren zu leiten, die Vierschicht-Diode wird niederohmig (Abb. A16).

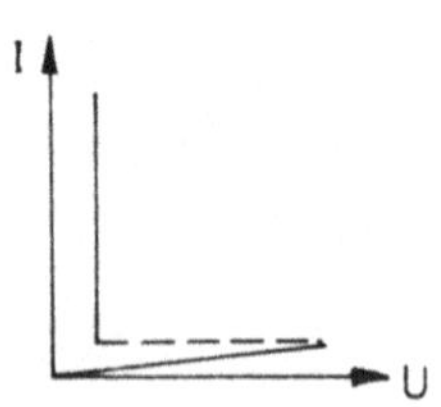

Abb. A16 Kennlinie einer Vierschichtdiode

Die Vierschicht-Diode stellt daher das Analogon zum Schmitt-Trigger ohne Vergleichsspannung für einen komplementären Trigger mit positivem Signum dar. Derselbe Effekt kann jedoch auch mit diskreten Bauteilen erzielt werden.
Das geht aus der Verallgemeinerung der in Kapitel 4.3.3 angegebenen Überlegungen hervor.

Der Schaltpunkt der Vierschicht-Diode kann von außen nicht beeinflußt werden. Das Anwendungsgebiet der Vierschicht-Diode liegt daher ähnlich wie beim Unijunction-Transistor in der Verwendung als Schwellwertschalter bei Sägezahn-Generatoren, bei denen die Frequenz nicht durch die Schwellspannung, sondern über das zeitbestimmende RC-Glied verändert wird.

ANHANG II

ERHÖHUNG DES EINGANGSWIDERSTANDS BEI SPANNUNGSSCHALTERN MIT ZWEI TRANSISTOREN DURCH FELD-EFFEKT-TRANSISTOREN

Der Feld-Effekt-Transistor besitzt gegenüber herkömmlichen Sperrschicht-Transistoren einen erheblich höheren Eingangswiderstand. Er stellt das Analogon zur Röhre dar, benötigt jedoch keine Heizung. Das Kennlinienfeld ist in Abb. A17 dargestellt.

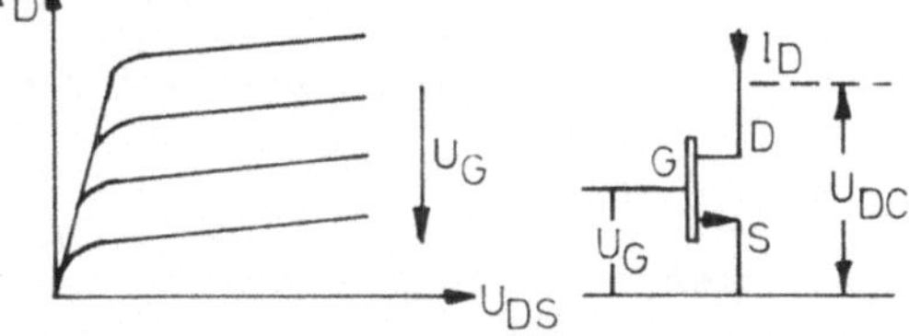

Abb. A 17
Kennlinienfeld eines Feld-Effekt-Transistors

Als Impendanzwandler vor einem Schmitt-Trigger (Abb. A18) bewirkt der Feld-Effekt-Transistor, daß die Veränderung von I_{B1} während des Schaltvorgangs nicht auf die Eingangsspannung zurückwirkt. Der Schaltstrom wird der Versorgungsspannung U entnommen.

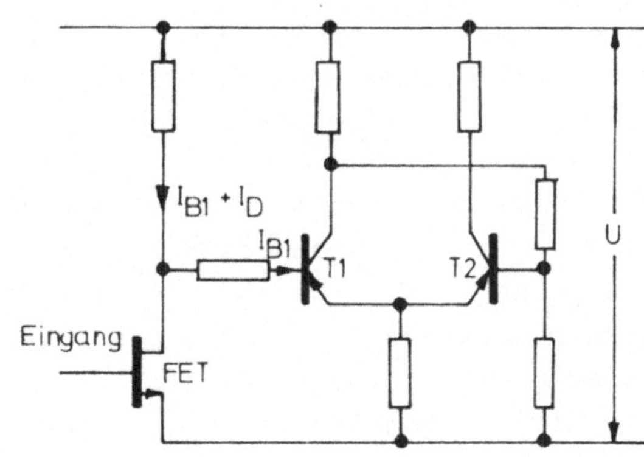

Abb. A18 Erhöhung des Eingangswiderstands bei einem Schmitt-Trigger durch Vorschalten eines Feld-Effekt-Transistors als Impendanzwandler

Ein ähnlicher Effekt wird erzielt, wenn anstelle von Transistor T1 ein Feld-Effekt-Transistor geschaltet wird (Abb. A19).

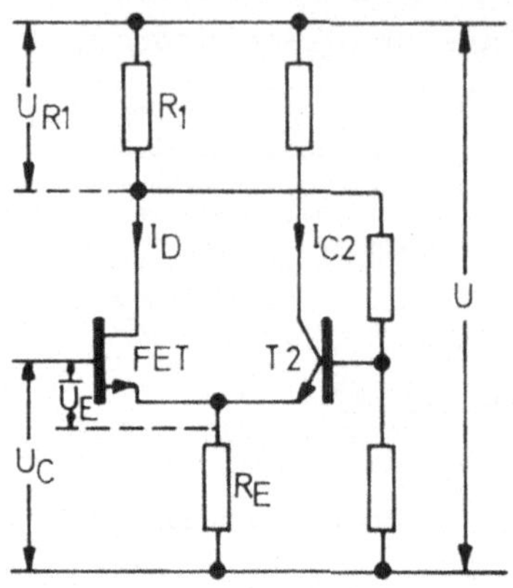

Abb. A19 Erhöhung des Eingangswiderstands bei einem Schmitt-Trigger durch Einsatz eines Feld-Effekt-Transistors anstelle von Transistor T1

Die wirksame Eingangsspannung des Triggers ist

$$\overline{U_E} = \frac{U_E - I_D R_E}{1 + V R_E}$$

mit $V = \frac{I_D}{U_G}$ (Verstärkungsfaktor)

Steigt die Eingangsspannung von null beginnend an, so wächst der Spannungsabfall am Widerstand R_1:

$$U_{R1} = V \overline{U_E} R_1$$

Beim kritischen Punkt wird Transistor T2 aus der Sättigung gedrängt, der Spannungsabfall am Emitter-Widerstand sinkt infolge der Verkleinerung des Kollektorstroms von T2, die wirksame Spannung am Eingang des Feld-Effekt-Transistors wird größer usw., so lange bis Transistor T2 sperrt oder der Feld-Effekt-Transistor in den Bereich der Sättigung gelangt.

LITERATUR

[1] Schmitt, O.H.: "A Thermionic Trigger", J.Sci.Instrum. (1938), S. 24 - 26

[2] Nyquist, H.: "Regeneration Theory", Bell Syst. Techn. J. 11 (1938), S. 126 - 147

[3] La Salle J. und Lefschetz S.: "Stability by Liapunow's Direct Method " Academic Press, New York - London (1961)

[4] Porteanu, M.: "Transistorisierter Schmitt-Trigger für positive und negative Eingangsspannungen zur Anwendung in logischen Schaltungen", Internat. Elektron. Rdschau., 21 (1967), Nr. 7, S. 179 - 185 und Nr. 8, S. 209-211

[5] Schmitt, E.: "Elektronische Schalter und Kippstufen mit Transistoren", Oldenbourg-Verlag, München-Wien, 1967

[6] Kuhfuss, K.-H.: "Berechnung der Kennlinie eines Schmitt-Triggers", Internat. Elektron.Rdschau., 21 (1968), Nr. 3, S. 53 - 56

[7] Rossmanith, R.: "Ein Transistorschalter ohne Vergleichsspannung", Elektronik 15 (1966), Nr. 5 S. 147 - 149

[8] Ebers, J.J. und Moll J.L.: "Large Signal Behavior of Junction Transistors", Proc. I.R.E., Dec. (1954), s. 1761 - 1774

[9] Weisz, Th.: "Pairing Schmitt-Trigger produces lower hysteresis and faster switching", Electronics, November 28 (1966), S. 75 - 79

[10] Rossmanith, R.: "Ein modifizierter Schmitt-Trigger als selbsterregter Rechteckgenerator", Internat. Elektron. Rdschau., 21 (1967), Nr. 3, S.53-56

[11] Siemens Techn. Mitteilungen, Halbleiter: "Verbesserungen an Trigger-Schaltungen"

[12] Kleinberg, L.L.: "Complementary Shaper replaces Schmitt-Trigger", Electronics Oct. 5, (1964), S. 66 - 67

[13] Todd, C.D.: "Combining Transistors with Tunnel-Diodes", Tunnel-Diode and Semiconductor-Circuits, Mc Graw-Hill Book Company, New York, (1963), S. 90 - 91

[14] Samaun: "Tunnel-Diodes for Low-Level-Triggers", Tunnel-Diode and Semiconductor Circuits, Mc Graw-Hill Book Company, New York, (1963), S. 90 - 91

[15] Wüstenhube, J.: "Feldeffekt-Transistoren", Valvo Hamburg (1968)